# 賴爸爸的數學實驗：
## 15堂趣味幾何課

# 賴爸爸的數學實驗

## 15堂趣味幾何課

作者 / **賴以威**

繪者 / 桃子、大福草莓

遠流

# 名家推薦

先透過動手操作獲取具體經驗，之後觀念的理解與掌握才會更有成效，數學的學習也不違背這種規律。因此設計有趣又不昂貴，並且能刺激思想活潑的實驗，是當今數學教育迫切需要倡議的工作。《15 堂趣味幾何課》圖文並茂、選材獨到、方便實踐，確實建立起優異的表率。

——**李國偉** 中央研究院數學所兼任研究員

數學除了計算，還可以動手做！本書將一個個生活中的情境與產生的數學問題，轉化為操作型的活動，讓讀者做所想，知所見！舉凡人孔蓋設計與魔術、星星花與斜率、貝果與莫比烏斯環、甜甜圈與畢氏定理，以及如何切出吃不完的巧克力等疑惑，都可以在《15 堂趣味幾何課》找到解答，看到數學的應用與美。現在就拿起書，一起跟著玩吧！

——**李政憲** 藝數摺學 FB 社團創辦人、新北市林口國中教師

數學是一種藝術和語言，《15 堂趣味幾何課》就是最貼近孩子的翻譯 App，不僅趣味、淺顯、生活化，更讓孩子讀著思考後，覺得數學的美一點都不遠。

——**林怡辰**《小學生年度學習行事曆》作者、彰化縣原斗國小教師

《15 堂趣味幾何課》透過生活化的數學問題，讓讀者了解數學並非抽象的學科。書中並規劃實驗實作的環節，淺顯易懂的讓讀者吸收數學知識、體會數學的趣味！

——**葉丙成** PaGamO 創辦人、臺灣大學電機系教授

「眼見不一定為憑，耳聞不見得既真。」吃不完的巧克力、走不完的莫比烏斯環、穿不過紙張的硬幣……生活中所有的謎團都直指一個真相：「數學」。以威老師用平易近人的「數感」分析，輔以隨手可行的「實驗」證明，讓每個困惑的問號，都昇華成一個個的驚嘆號！誠摯向大家推薦這本值得親子共讀與師生閱讀的好書。

——**葉奕緯** 彰化縣田中高中國中部教師

數學是研究數與形的學問。一般學校的數學課程，以知識內容與邏輯推理為主，缺乏形成知識前的實作，容易讓人害怕。《15 堂趣味幾何課》以貼近日常生活的幾何形狀為主題，用實驗印證數學，讀來輕鬆卻含有深刻的數學知識，讓人更加有感。

——**張鎮華** 108 數學課綱召集人、臺灣大學數學系榮譽教授

## 名家推薦

每一個問題都能透過簡單的實驗來觀察並理解,透過數學連結現實與真實,從而發掘數學的妙用。以威老師把數學思維的概化歷程解構為知(看似簡單的生活問題)、行(從實驗中觀察問題解決的切入點)、識(問題解決後抽象化思維發展的歷程形成智慧並總結)發展,讓讀者能一步一步內化數學素養,影響對問題的思維意識,然後不知不覺在問題思考與解方間學習數學。還有更多的數學梗,等著你去發現……

——**陳光鴻** 臺中一中教師

現今許多年輕學子不喜歡數學,覺得數學只是一門用來考試,刁難大家的學科,甚至有數學無用論之說。《15堂趣味幾何課》以淺顯易懂的方式,解說數學的原理,「取材自日常之所見,活用數學於生活中」,讓人深刻感受到數學是解決問題的強大工具。不論讀者是否喜歡數學,本書都值得您好好品嘗。

——**連崇馨** 國立鳳山高中教師

從數學素養學思歷程,到數學信、達、雅的表達呈現,取材生動自然有趣。以威老師運用感性素材,引導概念開展點線面的數學理性思維,值得細細品味與生活實踐。

——**曾政清** 臺北市建國高中教師

數學似乎只有會和不會兩種可能，沒想到還可以在廚房、街上、花園，在放學時、睡覺前、刷偶像劇時，還有坐在課桌椅上發呆時，玩《15堂趣味幾何課》裡提供的各種實驗，而進一步搞懂數學。趕快打開這本書，一起打敗「數學不會就是不會」這個魔咒。

——**彭甫堅** 數學咖啡館社群發起人、臺中市中港高中教師

哇！原來我們與數學的距離，並不是只有靠腦袋思考，還可以動手實作感受「數感」，體會生活中的數學素養，就在《15堂趣味幾何課》！

——**蘇麗敏** 臺北市北一女中教師

生活周遭常見的事物，例如：地面上的圓形孔蓋，為何圓形居多？兩個4吋的蛋糕是否跟一個8吋的蛋糕一樣大？這些我們常認為理所當然或未曾注意過的事情，背後原來都有數學或科學的原理支撐。書中15堂課題，以生活常見的現象為開端，藉著數感實驗將知識具體化，同時能學到幾何概念，扣回數學知識的核心，證實了數學非無用，而是「無所不用」，每一堂課都饒富趣味，絕對會想一探究竟！

——**賴政泓** 國立政大附中教師

（依姓氏筆畫排序）

# 繞點路，卻更快、更開心抵達終點

　　數學是純粹的腦力活。有別於物理、化學需要實驗室，數學家只需要一杯好咖啡，一張舒適的椅子。桌上放著紙筆，就能盡情探索數學世界，享受純粹理性、邏輯之美。

　　但是，這不代表「學數學」也只用紙筆就好。

　　如同近年來許多小說改編成電影、遊戲、主題樂園，愈是豐富的感官刺激、身歷其境，愈容易讓人印象深刻、回味無窮，學習也一樣。想了解某個幾何形狀的特質，文字描述的定理能提供完整的線索條件，但卻不一定適合每個人吸收。有時候動手做做看，反而更有感覺，更容易理解。

　　舉個例子來說，鳳梨表面殼紋呈現螺旋線排列，螺旋線的數目符合費波納契數列，不管你順時鐘數還是逆時鐘數，都是

8 條、13 條、或者 21 條。這不是巧合，是大自然隱藏在表象後的規律，而這個規律被數學精準的描繪出來。我在科普書中讀過這個知識，但某次在臺北市科教館舉辦活動的前晚，我站在水果攤前，數了十幾顆鳳梨，親眼見證每一顆都符合費波納契數列。明明知道書裡就是這樣說，可是當下，我卻數完一顆又忍不住數下一顆，心頭大感震撼！隔天在科教館的活動，我也看到很多和我前一晚一樣驚喜的臉孔。

　　「讀文字跟動手做」之間的感受差異，迄今依然讓我印象深刻。將來有機會，建議您真的去找一顆鳳梨數數看，相信會有一樣的體會。

## 保持樂趣才有高效率

　　動手做還有另一個重點，在於「樂趣」。回想自己的求學過程，雖然表現得還不錯，但上學念書之於我，是一件不得不的工作。其他課外讀物、小說、電影等，我就看得津津有味了，甚至常常在考完試後犒賞自己時，選擇讀一本小說。當然，這跟小說和課本的本質差異有很大的關連──前者是娛樂，後者是為了知識學習，但我認為許多課外讀物很重視讀者的感受，呼應讀者的期待，並讓讀者覺得好玩，這是很重要的一件事。

知識的學習與傳遞，其實也能做到同樣的事！只要不那麼講究即時的效率。

　　我有時候會覺得，課本比較像維他命，按時服用能快速有效的確保營養充足，但我們就是會偶爾忘記，會覺得沒那麼好吃，有一點苦的話，更是避之唯恐不及。但如果是去菜市場一趟，挑選想吃的食材，回家查食譜料理，往往能成就好吃的佳餚。雖然花的時間多出許多，最後的營養價值也跟幾顆維他命差不多，但過程有趣好玩，會讓我們回味無窮、想再試一次，變化出更多花樣。

　　仔細想想，像這樣「保持興趣」達成的效果，其實比吞食維他命更好，才是真正高效率的學習方法。曾經有研究顯示，孩子小時候對數學的興趣（內在動力），對他們後來的學習表現有明顯的影響，就是這個道理。

## 來一場數學實驗

　　許多孩子在數學學習的過程中喪失了興趣，對他們來說學數學很無聊，就算坐在書桌前，眼前擺放的是知識精煉過的講義、題本，卻無法專注學習，最終花了比預期更多的時間，解更多的題目，就算能應付考試，是否真的學到「活用數學」的能力，卻是有待商榷。

我期待透過實驗為孩子帶來改變，希望學習上的樂趣能激發他們的好奇與動機。

　　來一場數學實驗，讓孩子用各種感官體驗意想不到、卻實實在在出現於生活周遭的數學知識。這樣的學習過程雖然會多花一點時間，但更能讓孩子了解數學的本質，加值他們的數學興趣，並且更期待、更積極的參與學校數學課的內容。

　　本書源自我在《科學少年》寫作的專欄，從一篇篇的專欄到能夠集結成冊，歷經了兩年多的時間。我期許這本書的每則實驗，都能成為一個數學知識的導遊，帶著孩子繞點路，看到更多美麗、有趣的風景，最後，卻能更快抵達終點。

數感實驗室創辦人　賴以威

# 目錄

# 1 蛋糕幾倍大？

6 吋蛋糕是 4 吋蛋糕的幾倍大？
除了用嘴吃，一口一口算，
還有什麼妙方法？利用數學，
下次幫忙挑蛋糕時，就能很快算出來。

小時候家裡只要有人生日，爸爸、媽媽就會準備蛋糕，大家圍在一起唱歌慶生。我們家有六個人，一年可以吃六次生日蛋糕。不過比起吃，我更喜歡跟爸爸、媽媽去挑蛋糕。

麵包店的蛋糕櫃裡擺滿了五顏六色、有大有小的圓形蛋糕，每一個看起來都好可口。我最喜歡巧克力口味，通常是買 6 吋大的蛋糕。

你呢？幫全家人買蛋糕時，你知道該買幾吋的嗎？這其實是一個數學問題。

可以用自己的食量來推想。假設家裡有爸爸、媽媽、你和弟弟四個人，首先，估算自己吃多少，再想想看爸媽和弟弟的食量是自己的幾倍，加起來就是全家人的食量。如果爸爸的食量是你的兩倍，媽媽的跟你一樣，弟弟年紀小，只有你的一半食量，那全家人的食量就是你的 4.5 倍，因為：

2（爸）＋ 1（媽）＋ 1（你）＋ 0.5（弟）＝ 4.5 倍

如果你想吃的量是一個 4 吋大小的蛋糕，那 4 吋蛋糕的 4.5 倍是幾吋蛋糕呢？想知道問題的答案，可以先想想看，不同尺寸的蛋糕怎麼互相比較大小。

在數學的抽象世界裡，不管是海綿蛋糕、冰淇淋蛋糕或黑森林蛋糕，也不管是用水果或奶油裝飾，蛋糕都可以簡化成一塊圓柱體。我們平常是問：「這個蛋糕有多大？」但在數學世界裡，我們會問：「這個圓柱體的體積有多少？」

圓柱體是什麼？像右圖這樣的形狀就叫圓柱體，上下是兩個一模一樣的圓，分別叫上底和下底，側面的厚度則是圓柱體的高。

高

圓形底面積

## 圓柱體的體積＝圓形底面積 × 高度

通常同款的蛋糕不管幾吋，高度都相同，所以在比較蛋糕大小時，我們可以把「體積問題」變成「面積問題」，也就是忽略高度，只看圓柱體的底面積。

表示蛋糕大小的「吋」，也只跟圓面積有關，它指的是圓形底面積的直徑。1 吋是 2.54 公分，所以：

4 吋＝ 4×2.54 公分＝ 10.16 公分

6 吋＝ 6×2.54 公分＝ 15.24 公分

4 吋蛋糕的底面積是直徑 10.16 公分的圓；6 吋的則是直徑 15.24 公分的圓。

「6 吋蛋糕是 4 吋蛋糕的幾倍大？」等於：「直徑 15.24 公分的圓面積，是直徑 10.16 公分的圓的幾倍？」

你如果學過圓面積公式，一定可以很快算出來。沒學過也沒關係，我們來做一個實驗吧！

## 數學實驗

1. 取 4 吋跟 6 吋的蛋糕模各一個，在兩個蛋糕模同樣高度的地方做記號。

2. 將水倒入 6 吋蛋糕模內，直到做記號的地方。

可在水中加一點食用色素或用醬油染色，比較容易觀察。

3. 將水從 6 吋蛋糕模舀至 4 吋蛋糕模內，直到做記號的高度。這表示已裝滿一個 4 吋蛋糕的大小了。

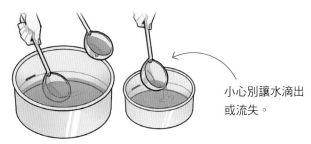

小心別讓水滴出或流失。

4. 將 4 吋蛋糕模內的水倒光，重複步驟 3，直到 6 吋蛋糕模
內的水舀光。記錄總共倒光幾次，假設為 m 次。

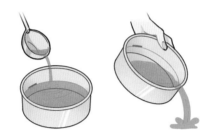

5. 最後一次的水應該無
法裝到 4 吋蛋糕模
內的記號處。用尺測
量水高，並測量記號
所在的高度。

6. 把水高記為 h1，記號高記為 h2，將 h1 除以 h2，就知道
這些水等於「零點幾」個 4 吋蛋糕，再加上步驟 4 的倒光
次數，就能知道「一個 6 吋蛋糕＝幾個 4 吋蛋糕」了。

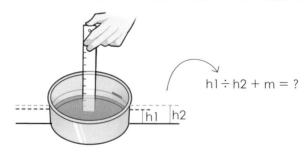

$$h1 \div h2 + m = ?$$

## 數學告訴你蛋糕是幾倍大？

做完實驗，你應該已經知道，一個 6 吋蛋糕是 2.25 個 4 吋蛋糕。為什麼是 2.25 倍呢？我們這時候再回來看看圓面積的公式：

**圓面積＝半徑 × 半徑 × π**

π 是圓周率，約 3.14。先把兩個蛋糕的圓形底面積算出來：

6 吋蛋糕

　　圓半徑：15.24÷2 ＝ 7.62 公分

　　面積：7.62×7.62×π ＝ 182.32 平方公分

4 吋蛋糕

　　圓半徑：10.16÷2 ＝ 5.08 公分

　　面積：5.08×5.08×π ＝ 81.03 平方公分

兩個面積相除：182.32÷81.03 ＝ 2.25

這表示直徑 6 吋的圓是直徑 4 吋圓的 2.25 倍。既然圓柱體的體積＝圓形底面積 × 高度，其中高度一樣，底面積是 2.25 倍，就可以確定 6 吋蛋糕是 4 吋蛋糕的 2.25 倍大啦！

你仔細看還會注意到，直接用 6 吋跟 4 吋的數字做下面的計算，一樣可以得到 2.25 倍！

　　（6×6）÷（4×4）＝ 2.25

為什麼呢？因為圓面積＝半徑 × 半徑 × π，當兩個圓比較面積大小時，π 和半徑的單位（吋或公分）都會在計算「幾倍」的過程中被消掉，只要考慮「半徑 × 半徑」就好了，而半徑＝直徑 ÷2，所以等於只要考慮「直徑 × 直徑」。這也就是數學課本上寫的「圓面積與半（直）徑平方成正比」的意思！其中，半徑平方就是「半徑 × 半徑」。

## 學數學幫你省時間
## 但學數學的時間不能省

學懂面積公式後，你會發現一件很棒的事：可以輕易算出任何兩個蛋糕的大小比例。不管是 12 吋跟 8 吋，或 100 吋跟 80 吋，都難不倒你，不需要再大費周章找兩個蛋糕模來做實驗。這就是數學的威力。善用數學，能幫我們省下很多時間精力，不需動手做，只要動腦想。但學習數學有時候剛好相反，不只要動腦想，還要動手做，才能體驗數學的威力跟趣味。動手做的過程就叫做「數學實驗」。

回到一開始的場景，假如你一次能吃下半個 4 吋蛋糕，你想好該為全家挑幾吋蛋糕了嗎？

## 4 加 4 等於 8 ？

　　現在你知道了吧，雖然 8 ＝ 4 ＋ 4，但 8 吋蛋糕並不是兩個 4 吋蛋糕加起來的大小唷！因為圓形蛋糕的尺寸是以圓的直徑來表示，但蛋糕的實際大小，也就是我們到底能夠吃幾口，指的卻是蛋糕的體積。由於我們假設蛋糕的高度都一樣，可以省略不計，所以能用圓柱體的底面積來比較蛋糕的大小。直徑、面積、體積這幾個概念是不一樣的，雖然彼此相關，但計算方式不同，千萬不要沌淆了！

　　那麼，當蛋糕高度一樣時，8 吋蛋糕等於幾個 4 吋蛋糕呢？答案是四個！但如果高度不同，答案也會改變。

吃一大塊狗餅乾，還是比吃兩小塊狗餅乾來得過癮吧！

### 再多想想

1. 你可以想到生活中還有哪些物體是圓柱體嗎？

2. 你覺得一個 12 吋蛋糕是幾個 8 吋蛋糕呢？

# 2 為什麼
# 人孔蓋是圓的？

馬路上、巷道裡，常可看到圓圓方方的人孔蓋，

尤其圓形，更是占了大多數。

設計這種形狀的理由是什麼？

背後原因跟幾何形狀有關係唷！

每天在家跟學校之間來回，走在街上，你曾經注意過四周的「幾何」嗎？

「幾何」是指跟形狀有關的數學，例如斑馬線是一條條的長方形，人行道地磚是一格格的方形，還有交通標誌，含括了各種我們學過的形狀，警告標誌是正三角形，禁止標誌是圓形，指示標誌是長方形。

低頭看看，還有幾個形狀靜靜躺在馬路上，它們是一塊塊鐵蓋子，上面刻有紋路，有些是長方形，大多數是圓形，這些鐵蓋子有個名字叫做「人孔蓋」。

如果像切蛋糕一樣把馬路切開，會發現柏油路下面有個地下世界，其中有下水道、電力管道等設施，而人孔蓋正是這些管道的入口，打開它，維修人員就能進入地下世界。但為什麼人孔蓋大多是圓形呢？是不是和交通標誌的形狀一樣，有特殊意義？

「圓形的人孔蓋在搬運時可以用滾的，比較方便。」這是很多人腦海中浮現的第一個理由，但卻不是人孔蓋做成圓形最主要的原因。

想想看，當工作人員打開人孔蓋進入地下施工時，放在馬路上的人孔蓋是不是像個不定時炸彈？如果一不小心掉入管道，就會砸到底下的工作人員。還好，圓形的人孔蓋並不會掉下去。為什麼呢？

▲這些是臺北市特色人孔蓋的圖案，你見過嗎？請看圖尋找線索，
猜猜它們會出現在哪裡。

　　讓我們來比較圓形跟正方形。首先，在紙上畫一個圓，並
在圓上任意挑兩點連成一直線，多試幾次，你會發現所有直線
裡最長的一條是圓的直徑。再畫一個正方形。並從相對的兩條
邊上各挑一點連成一直線，這條線的長度一定比邊長要長，或
至少相等。

　　試著剪下圓形和正方形，立起兩個形狀並從側面觀察，你
會發現圓形變成一條直線，長度正好是圓形的直徑長；立起的
正方形同樣變成一條直線，長度和正方形的邊長一樣。

　　再想想看人孔和人孔蓋。圓形人孔最寬處的寬度會略小於
圓形人孔蓋的直徑；但方形人孔蓋的寬度──也就是它的邊
長，卻很可能小於方形人孔對邊任兩點間的距離。所以，圓形
人孔蓋不會掉進圓形人孔裡，但一不小心，方形人孔蓋就可能
掉進方形人孔。

　　有點難想像嗎？沒關係，我們來動手做一做實驗吧。

## 數學實驗

1. 準備一片珍珠板。用圓規畫一個圓，記下直徑的長度。

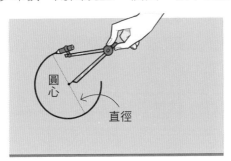

2. 在珍珠板另一側，用尺畫一個正方形，邊長與圓的直徑一樣。

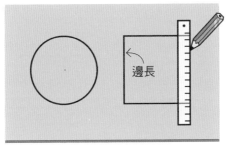

3. 在圓周上任意選兩點並畫一條直線連接兩點。測量直線的長度，是否大於直徑？

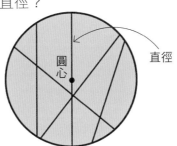

4. 在正方形相對的邊上任意各選一個點，畫一條直線連接。
測量直線長度，是否超過邊長？

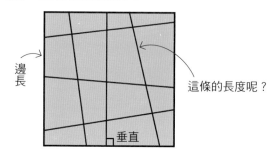

邊長

這條的長度呢？

垂直

5. 用美工刀割下圓形和正方形。小心不要損壞割下後的孔洞。

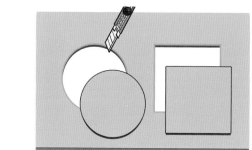

6. 試試看，割下來的圓是否容易穿過圓孔？割下來的正方形又是否容易穿過方孔？

試著以各種
不同的角度
穿過。

## 圓的守護

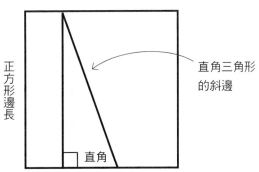

做完實驗，你一定能充分感受到圓形人孔蓋的安全程度，對吧？因為要讓圓形珍珠板穿過圓孔，需要費點力氣和時間才能夠辦到呢！相較之下，只要把方形珍珠板立起來，稍微轉個角度，就能輕易穿過方孔。由此可見，方形人孔蓋比圓形人孔蓋危險多了。但為什麼正方形對邊各找一個點的連線，幾乎都比正方形的邊長來得長呢？

我們可以從實驗中觀察，也可以隨便畫一條線，然後用尺量量看，但數學家更喜歡「證明」。畢竟再怎麼畫，也不能確保沒有遺漏，也許會有某一條線的長度比正方形的邊長短？

證明的方法很簡單：只要在正方形裡畫兩條直線，形成一個直角三角形：

正方形邊長　　　直角三角形的斜邊　　　直角

先在對邊上任意取兩點，連成一條直線，再從其中一點往正對面畫，這條線會與正方形的邊垂直，形成直角三角形直角的一邊，而任意兩點的連線則成了直角三角形的「斜邊」。

直角三角形直角的一邊剛好等於正方形的邊長，由於斜邊永遠是直角三角形最長的一條邊長，所以我們知道，正方形對邊任意兩點的連線，永遠大於（或等於）正方形的邊長。

　　最後，你可能會想，人孔蓋還有長方形的，狀況又是如何呢？長方形和正方形類似，從較長的對邊各取一個點連成的線段，幾乎都比長方形的短邊還要長；如果是取兩條短邊上的點，連成的線段就更長了，甚至大於長邊。建議你再從珍珠板上裁一片長方形，做實驗觀察看看。

**再多次的實驗，依然有不確定性。**

**但只要通過一次證明，**

**就能獲得百分之百肯定的結論。**

　　關於人孔蓋的形狀，答案揭曉了，原來人孔蓋設計成圓形，背後有一個很溫暖的理由，是為了守護在人孔底下工作的人。以後走在路上不妨多留意看看，哪裡也有一個溫暖的圓形人孔蓋吧！

我就說嘛，人孔蓋怎麼會跟鼻孔有關啦！

呼～

### 刻在孔上的祕密

　　路面上常見的孔蓋除了圓形的，也有方形，甚至六角形，而且大小不一。除了供維修人員進到地下工作的人孔，還有一些是用來保護管線的手孔。打開手孔的蓋子，維修人員就可直接伸手進去工作。

　　仔細看，還會發現，這些孔蓋上鑄造著各式圖案和文字，例如台電或中華電信的標誌，或有「瓦斯」、「消防」、「北汙水」、「雨水」……等字樣，可辨識所屬單位和孔洞的用途。

　　人孔蓋除了是地下世界的門口，現在更成了都市藝術的一部分。走在世界各大都市街頭，有機會看到特別美麗的人孔蓋，把當地特色鑲嵌在大地上，讓實用冰冷的鐵蓋多了幾分色彩。

▶日本大阪（左）與捷克布拉格（右）美麗的人孔蓋。

### 再多想想

如果把人孔蓋做成正三角形或正六邊形，安全嗎？實驗之前，先用數學分析看看吧。

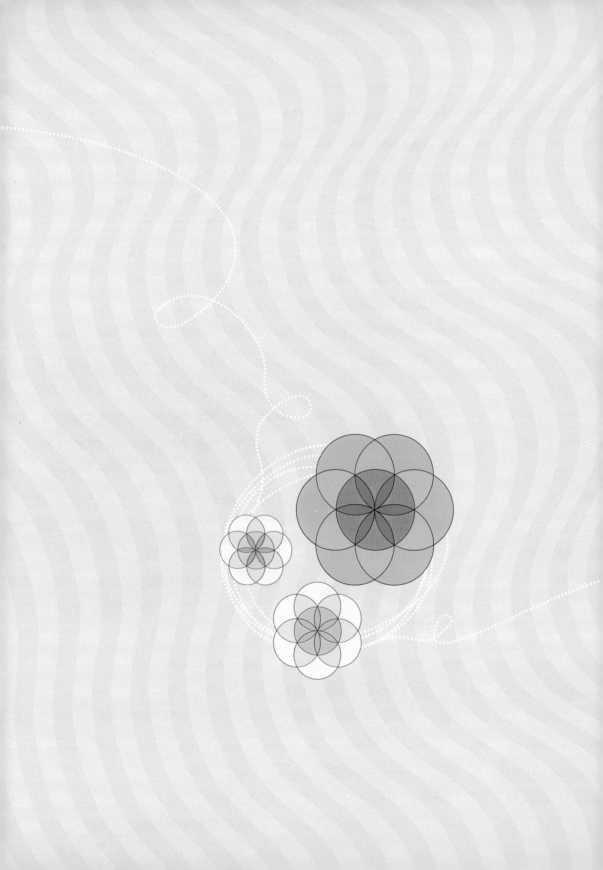

# 一朵
# 好多圓形的花

你試過自己設計漂亮的圖案嗎？
只要一支圓規、一張紙，
畫出一個又一個的圓，
就算是第一次畫畫也能輕易上手！

當我們說自然界有很多數學形狀，意思是：自然界有很多形狀符合某些規則，這些規則並無法用中文或英文等一般日常使用的語言說清楚，只有透過數學才能正確描述。義大利科學家伽利略就說過：

**大自然這本書**
**只有那些懂得它語言的人，才能閱讀。**
**這個語言就是數學。**

那麼，數學語言中有哪些字詞是關於形狀的呢？角度、長度，還有正方形、平行四邊形、六邊形、圓形……全都是有關形狀的詞彙。

我們在日常生活中常可觀察到簡單的形狀，例如正六邊形的蜂巢、媽媽煎出來的圓形鬆餅、長方形的課桌椅。但有些形狀複雜許多，例如午後下起了暴雨，從天空劃過了一道閃電，它可分成很多線條，而且線條末端還繼續分岔出更細的線條。仔細看，你會覺得其中遵循著某種規律。

你還可以觀察蕨類的羽狀複葉，葉形像一根羽毛，上面長著羽狀分支，每個分支又分岔成更多的細小葉片，每一片細小葉片也都像一根羽毛，整片葉子的構造展現一種重複、相似的規律。

蕨類、閃電，或是花椰菜，還有我們用來呼吸的肺部支氣管，它們的圖樣構造乍看之下都非常複雜，但又存在著規律性。數學家很厲害，他們成功解讀了大自然這本書，發現有一種數學叫做「碎形」，能用來解釋這些圖形背後的規則。

　　讓我們運用簡單的圓形來畫出一幅複雜又美麗的畫，從動手做當中感受碎形的規則。過程中，我會問一些問題，你能用尺測量或數出答案，但是建議你先試試看，能不能用「算」的唷。

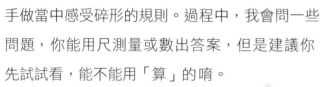

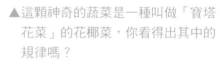

▲這顆神奇的蔬菜是一種叫做「寶塔花菜」的花椰菜，你看得出其中的規律嗎？

◀像羽毛一般的蕨葉。

## 數學實驗

1. 找一張紙，在角落畫一條 1.5 公分的直線。把圓規對準直線，取 1.5 公分的寬度為半徑，在紙上畫一個圓，然後在圓周上找任一點做為圓心，畫出第二個圓。

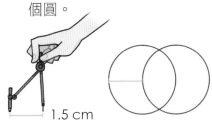

1.5 cm

2. 以步驟 1 兩個圓的兩個交點為圓心，再畫出兩個圓。

3. 在步驟 2 的圖上，取左上與左下的兩個交點為圓心，再畫出兩個圓。

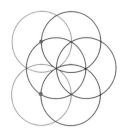

如果圓規的半徑跑掉了，可以用步驟 1 的直線重新校正。

4. 把步驟 3 圖上左側的新交點當圓心再畫一個圓。正中間會出現一朵有著六片狹長花瓣的花！

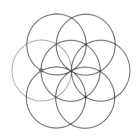

正中間以外其他六個圓的圓心若連線，會是什麼形狀呢？

5. 繼續把花畫得更大吧！以圖中標記的六個點為圓心，再畫出六個圓。

6. 再以圖中新標記的六個點為圓心，繼續畫出六個圓。目前為止共畫了幾個圓？

7. 如下圖，以圖案的正中心為圓心，畫出一個更大的圓把所有的小圓包住。想想看，這個大圓的半徑是小圓的幾倍？

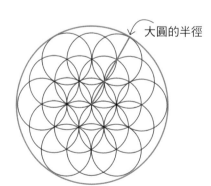

大圓的半徑

8. 現在以大圓的半徑為半徑，重複步驟1至7，再往外多畫出一圈圓，然後替圖形上色，就得到一朵漂亮的花了。

## 對稱與重複之美

我們畫出的這朵圓形花是由美國的「碎形基金會」所設計，巧妙的運用了「對稱」和「重複」的概念。第 4 步驟畫出了七個圓形，外圈六個圓的圓心到隔壁圓心的距離都等於圓的半徑，做為頂點連起來剛好是個正六邊形。

想想看，平時要畫正六邊形，是不是有點麻煩？需要利用尺跟量角器的輔助來找出頂點，但若使用剛剛的方法，只拿圓規就找到嘍。

圓是對稱的形狀，不管是左右、上下或斜斜的對摺，只要摺線通過圓心，都會形成半圓的圖案。由於圓具有完美對稱的特性，加上第 4 步驟外圈六個環繞的圓，讓最中間形成美麗的圖案——一朵六瓣的花。

在第 6 步驟中，若想知道總共畫了幾個圓，可以用計算的：因為前四個步驟已有七個圓，加上第 5、第 6 兩步驟各畫出六個圓，所以總共有 19 個圓。不過，你也可以用數的：由上往下數，圓的數量也有對稱性，依序是 3、4、5、4、3，相加起來等於 19。

在第 7 步驟的圖中，可以看見大圓的半徑通過了三個交疊的小圓，所以大圓半徑是小圓半徑的三倍，大圓面積就是原來小圓的九倍大。

到了第 8 步驟，我們在畫最後的大花朵時，一直重複先前

的步驟，以半徑為三倍大的圓，不斷複製花的結構。仔細看，你會發現這朵大花裡有好多地方的圖像長得一模一樣，或只有放大和縮小的差異。這就是碎形的「自我相似性」！

## 運用重複的結構，
### 碎形可以不斷發展得更複雜。

我的美術天分很差，小學五年級上素描課，老師大力稱讚我的作品：「這根香蕉好逼真！」但我畫的其實是位在香蕉旁邊的檸檬⋯⋯。

所以我特別喜歡這個實驗，要我憑空畫出一朵很美麗的花，我絕對做不到，可是運用數學的特性：找出規律，精準的分步驟進行，我也能畫出一張美麗的作品。

有了圓規，我也會畫畫了！

就像站在山谷邊，有天分的人能一躍而過，其他人看得目瞪口呆，只能站在原地或者轉身走人。但數學是一套強大的工具，能讓你搭起一座橋，走過去。搭橋的過程很辛苦，但那不是橋的問題，而是要躍過山谷本來就不容易。有了數學這個搭橋的工具，任何人都能按部就班的跨越高深的山谷，解決許多難題。

# 延伸學習

## 年輕的數學概念

碎形是相當年輕的理論,只有幾十年的歷史。

先回想我們學過有關形狀的數學,不論方圓或不規則狀,都有固定的面積、周長,這是打從古希臘時代一直延續至今的數學概念。但大自然裡卻常常出現例外,比如測量海岸線時,如果地圖小,海岸線不是畫得那麼仔細,測出來的長度會比較短;如果放大地圖,海岸線變得精細,量起來就會變長。當地圖愈放愈大,海岸愈來愈精細,測量起來也就愈長,這正是英國科學家理察森(Lewis Richardson)的發現,後來啟發了法裔美國數學家曼德博(Benoit Mandelbrot)提出碎形理論!

碎形常出現在大自然裡,主要有幾個特徵:

1. 具有精細的結構。

2. 無論是整體或局部都與傳統的幾何數學不同。

3. 具有自我相似,也就是在不同尺度下可找到相同的結構。

運用這些原則,你也可以在大自然裡找到碎形。

## 再多想想

1. 大自然之中還有哪些物質或現象也是碎形呢?

2. 別停在步驟 8,想想看要如何讓花繼續擴展得更大,再塗上漂亮的顏色,把碎形花做得更大更美麗吧!

# 4 用影子量高度？

推理是運用已知的線索去比對、
推敲出未知的事實，
這次就用影子和數學方法，
來進行一次有「高度」的推理吧！

就算沒有特別喜歡，你一定也知道《名偵探柯南》吧。這是一套偵探漫畫，主角江戶川柯南運用過人的推理頭腦，破解案件，揪出兇手。你仔細想過「推理」這兩個字的意思嗎？我認為可以這樣解釋：

**利用許多看似無關的線索，**
**得到不容易被看見的真相。**

舉個簡單的例子，柯南只要看見泥土地上的鞋印，就可以估計犯人的身高。為什麼？因為身高通常是腳掌長度的 7 倍左右，而鞋子本身有一點厚度，所以鞋印長度大概乘上 6 ～ 7 倍就會得出身高。如果鞋印長 30 公分，犯人應該就有 180 公分以上。這是推理，也是數學。

推理跟數學很密切。再舉一個更簡單的例子，桌子上有兩堆蘋果，各是三顆跟四顆，有人拿布遮住桌子，再把兩堆蘋果混成一堆，不用把布掀起來，你也知道那一堆一定是七顆蘋果。假設把蘋果換成柳丁、荔枝或西瓜，你仍然只要用想的就知道結果都是七顆。因為根據加法 3 ＋ 4 ＝ 7，你能肯定的說出被布遮住的結果，這其實就是一種推理。但是想想看，如果是比你小好幾歲、才剛學會數數的弟弟或妹妹，他們不會加法，大概就得掀開布親自數一數，才能知道答案。

同樣的，有些很厲害的推理，背後可能藏著你不會或不曾想過的數學。例如，你能推理出學校的校舍有多高嗎？也許有人會這麼想：可以站到桌子上，拿支掃把往天花板上面頂，再量量看桌子高度、人的身高、掃把高度、手臂伸出去的長度等等，把這些長度相加並扣掉重疊的部分，就可以知道一層樓有多高，最後將樓層高度乘上校舍的樓層數目，便能得到答案。不過，這個方法有個大缺點，測量起來相當麻煩，而且並沒有考慮到每層樓之間的樓板厚度。

　　當然，如果你有一把很長的量尺，可以到頂樓去，讓尺往下垂，直接進行測量。但如果沒有這麼長的尺，或無法輕易上樓，那該怎麼辦？

　　在無法輕鬆用人力測量校舍高度的情況之下，有一個更簡單的方法：只要有陽光照耀、有地面上的影子，就可以利用影子的長度來推理。讓我們趁著好天氣來做個實驗吧！

## 數學實驗

1. 在太陽斜射時，如晴天的傍晚或早上第一堂課時，準備一支掃把，測量它的高度。

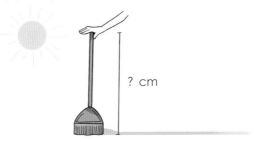

? cm

2. 把掃把放在地面上豎直，測量掃把在陽光下的影子長度。

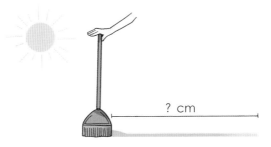

? cm

3. 在同一時間，沿著校舍的影子走，讓步伐大小保持固定，算算看校舍的影子有「幾步長」。

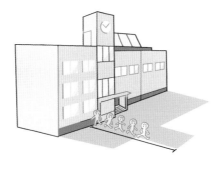

最後剩下的距離若
不到一步，可約略
算為半步或一步，
或忽略不計。

4. 測量步伐的長度。

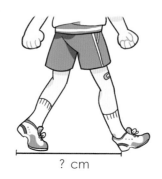

? cm

5. 計算校舍影子長度：
校舍影長＝步數 ×
步伐長度。

例如：走了 30 步，步伐
長度 40 公分，校舍的影
子長度就是 30×40 ＝
1200 公分＝ 12 公尺。

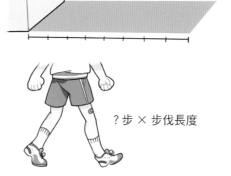

? 步 × 步伐長度

6. 接著就能估算出校舍的高度了。
校舍高度＝掃把高度 ÷ 掃把影長 × 校舍影長。

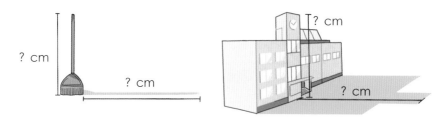

? cm

? cm

? cm

? cm

## 立竿見影比一比

　　這次實驗運用到的數學觀念是「比」。比代表的是兩個數量之間的對應關係，像是我們常聽到「十六比九的螢幕」，指的是螢幕的長度與寬度相比是 16：9。這並不是說螢幕長度就是 16 公分，寬度就是 9 公分；可能是長 32 公分、寬 18 公分；或者長 160 公分、寬 90 公分；也可能是長 160 英吋、寬 90 英吋。只要把長跟寬除以同一個數字，到最後都會變成長 16、寬 9 的結果。我們也可以寫成比值：16÷9，大約是 1.78，也就是長度大約是寬度的 1.78 倍的意思。

　　回到剛才的實驗，不管是你跟你的影子、校舍跟校舍的影子，還是掃把跟掃把的影子，只要是同一個時間和地點，在陽光下測量，物體的高度跟影子長度的比都會是一個固定值，不會受到物體高度的影響而改變。因為這個比，只和太陽的角度有關。

　　實驗中，我們先用掃把高度與掃把影長，求出此時此刻的物體高度與影長的比值：掃把高度 ÷ 掃把影長。由於校舍高度與校舍影長的比值也會一樣，所以：

　　比值＝掃把高度（A）÷ 掃把影子長度（a）

　　　　＝校舍高度（B）÷ 校舍影子長度（b）

　　校舍高度＝比值 × 校舍影子長度

　　　　　　＝掃把高度 ÷ 掃把影長 × 校舍影子長度

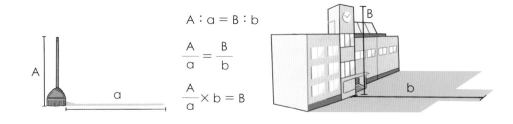

$$A : a = B : b$$

$$\frac{A}{a} = \frac{B}{b}$$

$$\frac{A}{a} \times b = B$$

　　利用比，可藉由影子長度，推估難以測量的建築物高度，這種「影子估算法」在歷史上曾經大顯身手。

　　在科技不發達的古代，要怎麼知道雄偉的埃及金字塔到底有多高？因為金字塔是斜的，就算有再長的繩子，也無法直接測量，當時許多專家都想不出解決的好辦法。不過古希臘數學家泰利斯很聰明，利用影子與身高的比來推理，他站在太陽下，等到自己的影子長度跟身高一樣時，立刻叫人測量金字塔的影子，得到的長度就是金字塔的高度。換句話說，他是在物體與影子的比值＝ 1 的那個時刻進行測量。

　　　　　　　　　　只要有一顆靈活的數學頭腦，不需要複雜的工具，你也能盡情推理，求出答案，看穿別人無法看到的真相！

呣……

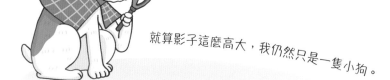

就算影子這麼高大，我仍然只是一隻小狗。

### 神祕的直角三角形

　　當陽光照向地球，被物體擋住，會在地面上投射出陰影，由於地面是平的，物體和影子之間會形成一個直角。把影子末端和物體頂端相連，會形成一個直角三角形。

　　由於陽光來自很遠的地方，不論物體高或低，同時間受陽光照射所形成的直角三角形都會相似，如下圖一般。也因此物體高度和影子長度之間的比值才會一樣。

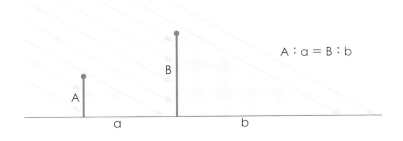

$A : a = B : b$

### 再多想想

　　如果想提高估算校舍高度的精準度，有哪些步驟是可以改良的呢？例如，是否有更適合測量的時機？或者能用步伐以外的丈量工具嗎？

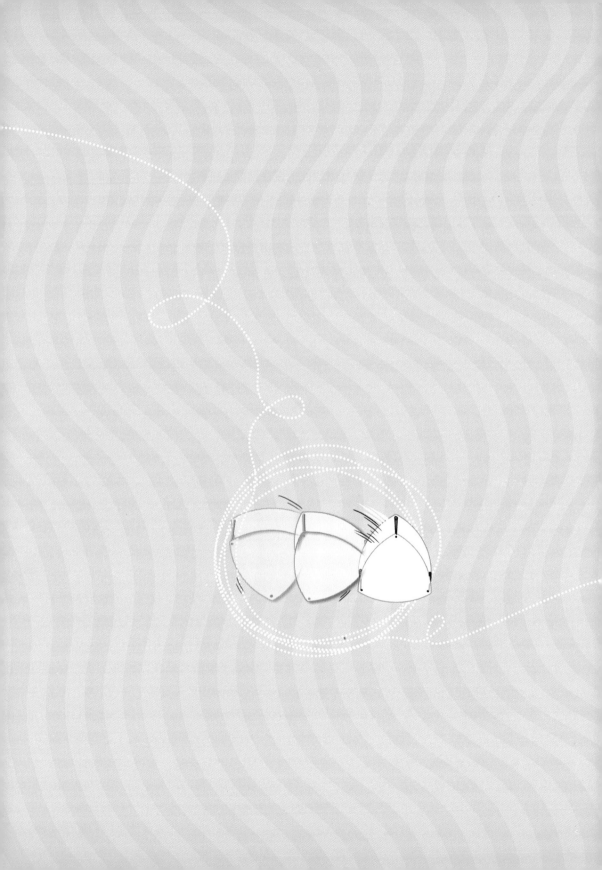

# 5 滾來滾去的三角形

車輪才不是只能用圓形來設計呢！
還有其他很特別的形狀也可以滾來滾去。
打開你的想像力，
這個世界原來這麼有趣！

# 我

小時候有一段時期是「問題兒童」，不是說我這個人有問題，而是我很愛問問題。

記得有一次在等紅綠燈，我看見有人騎腳踏車經過，便好奇的問：「為什麼汽車、機車、腳踏車的輪子都是圓形的？」大人不假思索就回答：「因為圓的才能滾啊。」如果是現在的我，可能聽了解釋後就不再發問了，但當時的我充滿好奇心，繼續追問：「為什麼圓形才能滾？」得到的回答是：「像方形的就不能滾。」嚴格來說，這不算正面回答。因為就算方形不能滾，也無法解釋為什麼圓形才能滾。而且不只方形，其他多邊形也無法順暢滾動，是不是唯獨沒有邊邊角角的圓形，才能好好的滾呢？

其實，除了圓形之外，有一種特別的「勒洛三角形」，也可以滾動喔！這種三角形跟數學課本上教的三角形不太一樣，雖然它也有三個頂點，但邊長不是直直的線，而是弧狀的線。更具體的說，想像一個正三角形，把三個頂點固定，然後從三角形內側把三條邊往外推出去一些，三個頂點之間的距離仍然一樣長，但三角形會變得有點「胖」，這就是勒洛三角形大概的樣貌。

仔細觀察，生活中有些地方可以找到勒洛三角形。例如，打開你的鉛筆盒，或許裡面剛好就有一枝鉛筆，從尾端往筆尖方向看過去像是三角形，可是放在桌上又

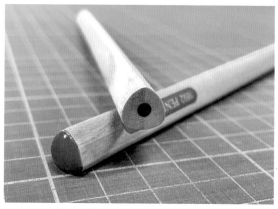

▲可以滾動、卻又不會滾走的三角鉛筆。

能滾動。既然是能滾動的三角形，那很可能就是一枝「勒洛三角形鉛筆」。

某些家電公司還特意把掃地機器人製作成勒洛三角形的形狀，宣稱這樣比起圓形掃地機器人，更能清掃到角落。還有，我們曾經提過人孔蓋大多是圓形，因為它不容易掉進圓形的洞裡，但世界上有些地方還採用了勒洛三角形人孔蓋，因為勒洛三角形也一樣不容易掉入對應形狀的洞裡。

不管是容易清掃到角落、不容易掉入洞中，還是可以做為輪子滾動，都是因為勒洛三角形擁有某種幾何特性。接下來，我們動手做一個「可以滾動的三角形」，感受一下勒洛三角形神奇的數學特性吧！

## 數學實驗

1. 在珍珠板上點一個點，當做圓心，用圓規畫一條弧線，半徑長度任意。

2. 在弧線上找一點為圓心，以相同半徑再畫第二條弧線，讓弧線通過第一個圓心。

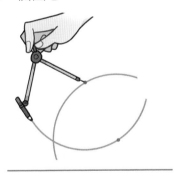

3. 用兩條弧線相交的點為圓心，畫出第三條弧線。

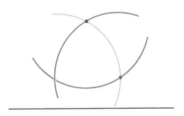

4. 以三個圓心為頂點，三條弧線為邊（注意：不是直線！）
就形成一個「勒洛三角形」了。

5. 把勒洛三角形從珍珠板上剪下來。重複步驟 1 至 4，再做
出第二片勒洛三角形。

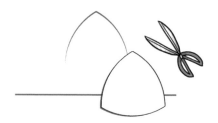

6. 取三根牙籤，穿過兩片勒洛三角形珍珠板的三個頂點，將
兩片珍珠板固定在一起，然後像輪子一樣豎在桌上。推推
看，這是不是一個能滾動的三角形「輪子」呢？

## 看看滾動的軌跡

做完實驗，感受了勒洛三角形的威力後，讓我們先回頭思考一下：為什麼圓形可以滾動呢？

直邊的三角形輪子無法滾動，正方形輪子也無法滾動，正六邊形雖然同樣無法滾動，不過稍微用點力，勉強能滾一小段距離。正八邊形、正十二邊形，用力推的話能滾得更遠一些。讓形狀的邊愈來愈多，直到變成圓形，就能滾得很順暢了。

想想看，直邊三角形豎起來翻滾時的狀況，有時會兩個頂點一上一下，有時會頂點跟對邊一上一下。兩個頂點之間的距離等於三角形的邊長，頂點到對邊的距離等於三角形的高，邊長和高的距離不一樣，也就是滾動時上下的距離會有變化。但隨著多邊形的邊數增加，滾動時上下的距離變化會愈來愈小，同時也愈來愈容易「推動」。你發現關鍵所在了嗎？原來：

### 滾動的關鍵是，
### 圖形滾動時上下距離的長度差距。

以圓形來說，通過圓心的直線是直徑，長度固定，所以不論怎麼滾，上下距離都沒有差異，也就能很平順的滾動。再看看勒洛三角形，是不是跟圓形一樣，從頂點到對邊的任意一點連線，長度都相等呢？因為勒洛三角形每一邊的弧線，都是用

相同圓半徑畫出來的，所以具備了圖形上下距離「固定」的性質，可以順利滾動。這個特性也讓勒洛三角形人孔蓋和圓形的一樣，不容易掉進洞裡。

我們可用兩條平行線夾住一個形狀，然後旋轉形狀。如果不管怎麼轉，圖形都不會超出平行線以外，夾在平行線之間的距離一直都是固定的，這個形狀就可以像輪子一樣順利滾動，而不像正方形一翻過去就躺在原地不動了。

最後，你能想像除了三角形以外，還有其他同樣胖胖的勒洛多邊形嗎？你可以用同樣的方法先畫一個正五邊形，選任一個頂點為圓心，以此頂點到對面頂點的距離為半徑，重複畫五個弧，就能畫出勒洛五邊形。依此類推，也能畫出勒洛七邊形。

有些國家的硬幣正是勒洛七邊形，也有勒洛十一邊形，將來有機會出國玩時，如果拿到一枚不是圓形、又像圓形的硬幣，仔細觀察一下，說不定它就是一枚充滿數學知識的勒洛硬幣唷！

滾一個！這次要用勒洛三角形滾法喔！

## 尋找勒洛

為什麼叫做「勒洛」三角形呢？這是 19 世紀德國工程師勒洛（Franz Reuleaux）的名字，但並不是因為他發明了勒洛三角形，而是因為他最早把這種形狀運用在工業設計中。

但是，其實早在中世紀末期的哥德式教堂

▲建於 13 至 15 世紀的比利時聖母大教堂上有勒洛三角形的窗框。

▲由上往下俯看德國現代建築科隆三角大廈，可以看出它的截面形狀有如勒洛三角形。

上就找得到勒洛三角形，達文西繪製的世界地圖也運用了這種形狀。現代建築裡，也看得到這種三角形的蹤跡。

## 再多想想

我們從勒洛三角形延伸到勒洛五邊形、七邊形，除了增加形狀的邊數，你還能想到其他的勒洛形狀嗎？會不會有像球一樣的「勒洛立體」呢？

# 獨立思考 玩數學

像海綿一樣吸收新知,是一件很愉悅也很重要的事。但一個人在黑暗中慢慢前進、不靠別人、自己走到終點,也是非常快樂的一件事。

　　這麼說好像有點拿小時候的事情來炫耀的意味──我國小時是資優班的學生。

　　每週有那麼幾堂課,我會離開原本的班級去資優班上課。我們會去故宮上歷史課,去野外上自然課,看金庸小說討論文學,聽許多好聽,或不小心會讓人閉上眼睛的演講。

　　到高中畢業,我在教室裡待了 12 年,儘管資優班在整個過程中只占了小小的一部分,但要我回想有哪些印象深刻的片段,許多都是在資優班課堂裡發生的。

　　「整間教室都靜悄悄,沒有一個人說話的數學課。」

　　每次有人問起我學校數學對我的影響,是否有哪一堂數學課或數學老師影響我很深,我都會像上面那樣回答。

　　那是資優班的數學課。

## 沒有老師的數學課

　　讓我帶各位回到那樣的數學課。畢竟時光已經久遠，我不保證所有的細節都正確，以下是大約八分真實、兩分想像的場景：請想像你在一間約莫有一般教室二至三倍大的場地，教室裡十來個學生像滾落的彈珠，散落在教室的不同角落，彼此保持一定的距離。每個人都低頭不語，盯著眼前的題目紙。紙上短短的寫了幾行題目，有些附上示意圖，看起來稍微活潑些。再仔細一看，都是益智書籍裡的數學難題，或是老師不知道用什麼標準，評斷出「他們應該會吧」的跨齡數學題目。

　　而我們，從空間安排上就可以看出來，要獨力完成這樣的難題。

　　當時父親也買了許多數學書給我，所以類似的益智數學題不是沒看過，只是在家裡閱讀時，就像大多數人看推理小說一樣，看完題目就翻下一頁，從來不曾認真思考、推理。所以第一次拿到老師給的題目卷，走回自己遙遠的座位時，我心裡的想法是：

　　「這是在開玩笑的吧！」

　　「應該等等就可以看到解答了吧！」

　　「不會可以說不會吧！」

　　一小時、兩小時、三小時，一直到了下課我都沒解出來，連嘗試都不想。幾天後再上數學課，老師遞給我一模一樣的題

目卷，右上角還有我在窮極無聊之下畫出的插畫（附帶說明，我就是在幾天前寫題目卷時，意識到自己不可能成為藝術家的）。我拿著有點皺的題目卷回到位子，繼續思考：

「老師什麼時候才會結束這個玩笑？」

「反正我不會就是不會，早晚會有解答的。」

類似的雜念持續冒出來。然後來到第三次的數學課，我再度看見自己的插畫。這時候，連雜念都覺得無聊了，陸續離開我的腦海。

我這才真的靜下心來，好好的讀題目，試著抽絲剝繭，運用數學來獲得答案。

你絕對沒辦法想像，在這種情況下解出題目是多麼開心的一件事。原本以為絕對不可能會的題目，在嘗試各種角度的攻略後，終於找到突破點，一路推理出答案。我雀躍的帶著答案去找老師，老師聽完我的解釋，確定我理解題目後，笑吟吟的從厚重的資料夾中抽出下一張題目卷。

「還來啊……」

「這真的是在開玩笑吧！」

「這次一定不行了。」

我內心又浮現一堆嘀咕，不過這次比前一回快沉澱下來，專心思考數學。然後，我漸漸習慣這樣的數學課，習慣問問題的對象不是老師而是自己，問自己不懂是哪裡不懂，哪裡不懂

該去哪裡找線索推敲答案，找出這個地方的答案之後，下一步又該怎麼做。

## 終生受用的數學思維

長大後，我到德國念博士班，那時有很多來自其他國家的同學跟我說：

「不覺得德國人在辦公室不聊天，都低頭做自己的事情很無聊嗎？」

我從來不會這麼想，反而很自在的每天在辦公室推導看起來永遠沒有盡頭的數學公式，計算各種通信技術的可靠度。一條公式寫滿了半個白板，隔天再重新寫一遍，只為了確認沒有寫錯。

遇到困難的數學題目，我下意識的第一個反應是「該如何拆解成比較簡單的題目」。當然，「這次一定解不出來」的念頭還是會同時冒出來，但或許因為小時候的練習，讓我對自己的數學能力多了幾分信心，知道只要靜下來，慢慢來，很多問題都不如想像中那樣困難。

思考數學的過程是孤獨的，因為儘管一開始你可以跟別人討論，但鑽研得很深時，你就會發現，光是跟別人解釋你「現在走到哪裡」，已經耗費很多時間，不如自己繼續往下鑽。

所以你會愈來愈孤獨，會意識到只有自己才能告訴自己下

一步該往哪裡走。

　　國小資優班的數學課沒有特別教我什麼數學技巧，公式也一條都沒背過，但卻讓我扎扎實實的體驗了這樣的思考歷程。

　　對我來說這是非常寶貴的，畢竟學校的正規課程無法提供這麼奢侈的思考機會。

## 慢慢來，比較快

　　面對學校課業，如果一道題目想了半小時還不會，我們往往會忍不住趕快去看解答、搞懂解法，接著再靠大量的練習熟練解法。

　　考試也不是單純的測驗知識，而是在比較熟練度，比較誰能在固定的時間內解出最多題目，且回答得最正確。這樣的學習方式有它的意義與價值，但不能代表全部的意義與價值。至少，我小學時候那種慢慢想、就算三小時想不出來也沒關係、會再給你三小時慢慢想的思考歷程，就是考試無法測驗出來的價值。

　　對喜歡科學或數學的人來說，能得到很多資料，像海綿一樣吸收新知，是一件很愉悅也很重要的事。但另一方面，如果能經歷一場探索的過程，獨自一個人在黑暗中慢慢前進、不靠別人、自己走到終點，也是非常快樂的一件事。偶爾你也可以試試看，把自己關在房間裡，專心去研究一道題目，反覆思考

一個觀念。數學家李特伍德（John Littlewood）就曾說過：

**拿道難題試試，或許你無法攻克，**
**卻有可能獲得別的東西。**

我永遠記得第一次在資優班的數學課寫下「答：……」的那瞬間，我彷彿真的看見了隧道盡頭綻放的光芒。

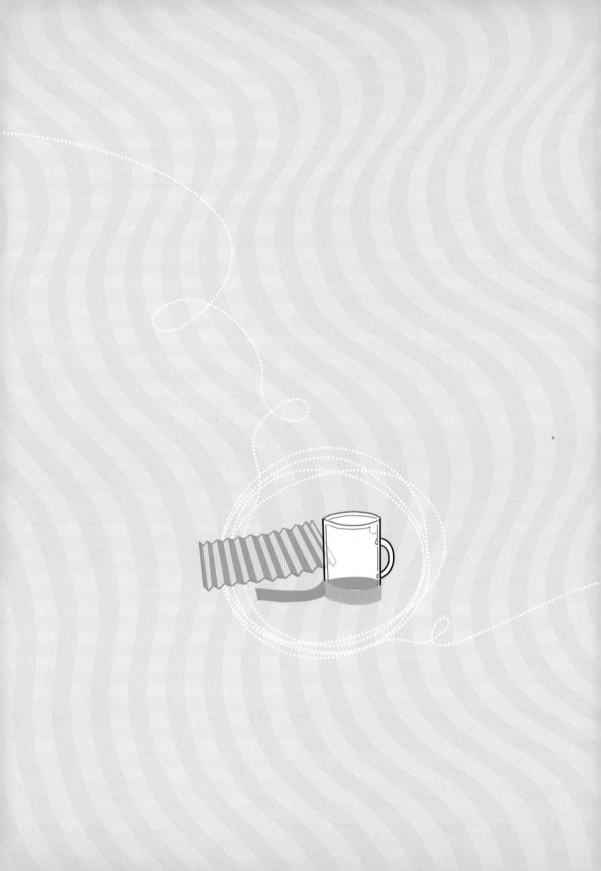

# 玩一玩圓柱杯

6

圓形裡隱藏著一組神奇密碼——圓周率，
人們用它解決許多關於圓的計算問題。
想知道這個神奇密碼是多少嗎？
不用尺，只要杯子和紙條，
你也能輕鬆找到它！

很早很早以前，人們就看見了圓，也在日常生活中使用圓形，舉凡車輪、杯子、帽子、硬幣等生活用品，都製作成圓形。大自然裡也有很多圓形，扔一顆石頭到水裡，水面上產生的一圈圈漣漪是圓形，許多水果、天上的太陽和月亮也都是圓的（立體的圓形叫做「球形」）。

圓是一種「用做的比用算的」容易的形狀。你看過手拉坯嗎？做陶器的師傅把黏土放在轉動的盤面，手腳並用的操控，自然而然就拉出一個圓形的杯子；市場裡擀水餃皮的老闆、餐廳裡做披薩的師傅，他們也都沒拿出紙筆，只是把麵皮擀一擀，就擀出一片圓形。

人們有各式各樣做出圓形的技術，都不需要數學計算。不過，如果想精確知道「做出來的圓形」面積多大？周長多少？就少不了數學了，還必須使用「圓周率」來計算。

傳說，最早發現圓周率的時代是古埃及時期，古埃及人的紙莎草文書上早已記載了圓形的計算。或許因為人們在打造圓形物體時，必須思考需要準備多少材料，例如在木桶外面包一圈鐵箍，需要多長的鐵片，於是好奇起來，圓形的周長和面積要如何計算呢？人們在生活中遇到問題，然後測量、計算，最後發現了一件有趣的事：

**圓周率是圓周長與直徑的比值。**

如果請你用一把短直尺測量圓形的周長，你要怎麼做呢？古人發明了「割圓術」，把圓周切成很多段小圓弧，再把每段小圓弧當做小直線來測量。圓形分割得愈精細，加起來的直線段長度就會愈準確、愈接近圓周長。有了圓周長，又可測量直徑，接著就能算出圓周率。

　　在 1500 多年前，中國的數學家祖沖之把「割圓術」發揚光大，以更精準的圓周長和直徑，將圓周率的數值計算到小數點後七位數。

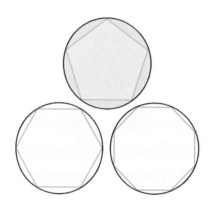

◀把圓周平均分割，在圓的內部連起正多邊形，正多邊形的邊數愈多，周長就愈接近圓周長。祖沖之在圓內分割出 24567 邊形，將圓周率算到小數點後七位數。

　　不過，我們這次的實驗不用辛苦的使用割圓術，也不必使用尺來測量長度，只需要使用杯子和紙條，「徒手」找到圓周長和直徑，就能算出圓周率！

## 數學實驗

1. 找一個圓柱形的杯子放在桌上，拿一張細長的紙條繞杯子一圈。在紙條重疊的位置做記號並剪下，紙條長度即是圓周長。

2. 再拿另一張較寬大的紙條，以短邊做起點，重複摺出多個跟短邊平行的摺痕。

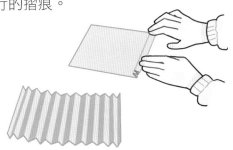

3. 把步驟 2 的紙條攤平，放到圓形杯口上，前後左右移動，當其中兩條摺痕的端點剛好都落在杯口時，把這兩條摺痕標記起來。

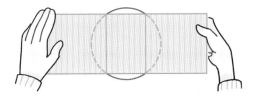

4. 把找到的兩條摺痕的端點對角連接起來，形成的兩條線都
   會等於圓的直徑。

藍色對角線剛好等於圓
的直徑

5. 把步驟 1 測量圓周長度的紙條拿來，對照直徑長度剪，應
   該可以剪成三段直徑，還剩下一小段。

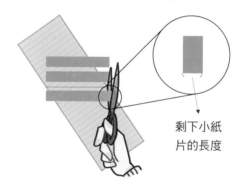

剩下小紙
片的長度

6. 將剩下的這一小段紙片的長度沿著直徑比對並做記號，會
   發現直徑的長度大約等於小紙片長度的七倍。

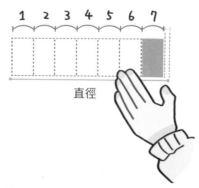

1 2 3 4 5 6 7

直徑

## 比一比長短，測出圓周率

這個實驗沒用到尺，就能找出圓周長與圓直徑，是不是很神奇呢？不僅如此，我們還在步驟 5 量出了圓周長是直徑的三倍多一點點，在步驟 6 量出這「多出的一點點」的七倍，跟直徑的長度很接近。

反過來說，這「多出的一點點」的長度，大約是直徑的 1/7，把 1 除以 7 大約是 0.14，所以圓周長可以剪成 3 段直徑，再加上 0.14 段的直徑，圓周長大約等於：

3 + 0.14 = 3.14 段直徑

3.14，正是神奇密碼圓周率！

其實圓周率是一個除不盡、永遠寫不完的數字，算出來是 3.14159⋯⋯小數點後面有無限位數。在一般的計算中可用近似值 3.14 代替，也可以用希臘字母 $\pi$ 來表示。

我們在實驗中透過徒手測量，找出了圓周長與直徑，再搭配簡單的「除法」，就能算出圓周率。要測量圓的直徑當然可以用尺，或是憑直覺（但不一定準）找到「圓裡面最長的一條直線」，而實驗中步驟 3 的方法則是運用幾何性質，幫你先找到一個「圓內接長方形」。這個長方形的對角線就是直徑，對角線相交的點就是圓心。以後你還會學到一個相關的定理：90 度圓周角對應的弦就是直徑。

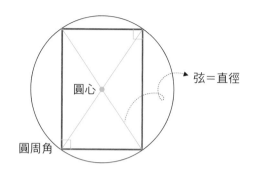

圓心

弦＝直徑

圓周角

▲與 90 度圓周角對應的弦會是直徑。

　　從實驗過程你也會發現，圓周長是最容易測量的，但是直徑跟圓心都要運用數學知識，思考一下，才能精準的找出來。

　　另外，我們的實驗步驟不容易得出小數點後更多位數的圓周率，例如 3.141592653，因為現實環境中的圓形不像數學裡的那麼完美。你手中的杯子可能有一點點歪，雖然你用摸的、用眼睛都觀察不出來，但是實際測量之後，就會在圓周率的計算結果之中顯現出差別。要得到很精準的圓周率數值，得用專門的數學方法。這需要更進一步的學習，所謂學海無涯、精益求精也正是這個道理。

## 延伸學習

### 慶祝圓周率日

　　3 月裡有個日子和圓周率很有關，那就是 3 月 14 日，數學家把它訂為「圓周率日」，並大肆慶祝，有些數學狂熱者還刻意挑選下午 3 時 9 分做為開始慶祝的時間點，因為這個時間用 24 小時制來表示是 15 時 9 分，159 正是圓周率裡 3.14 之後的三個數字。這天也是知名科學家愛因斯坦的生日，更給了科學家一個慶祝的好理由。

　　慶祝圓周率日有個傳統，那就是吃派！為什麼呢？圓周率的代號是希臘字母 π，英文唸做 Pi，發音和 Pie 一樣，也就是「派」，而且派大都是圓形，正合適用來慶祝圓周率，不只美味，更是應景。

　　不過，祖沖之曾提出以 22/7 做為圓周率的「約率」，跟 3.14 也挺接近的。所以，你也可以在 7 月 22 日慶祝「近似圓周率日」！

### 再多想想

除了實驗中的方法，你想得到其他不用尺，就能找到直徑跟圓心的做法嗎？

# 子 直線畫成花

花朵具有美麗的曲線，
這些曲線也能用直線來表現嗎？
仔細觀察身邊的事物，
其實「曲中帶直」並不像你想的那麼罕見。

母親節、父親節、姊姊妹妹或朋友要過生日了，想不想畫一張卡片送給他們？單用直線就能畫出花朵喔！你相信嗎？但直線直直的，不能畫圓或畫弧形，難道花瓣要長成三角形或多邊形？這樣的形狀給人的感覺硬邦邦的，沒有弧線的美感。別擔心，學會這次實驗課教你的小技巧，就可以把直線變換成曲線！

我們先來看看生活周遭中的圖形。例如一棟用磚塊砌成的房屋，牆上的長方體紅磚一塊塊整齊排列，但仔細一看，磚塊還疊出了半圓形的拱門或窗臺。磚塊方方正正的，怎麼能排出圓弧狀呢？再換一個場景，例如中正紀念堂的廣場，鋪在地面上的明明是方形地磚，一片接著一片卻排出了同心圓。地磚的邊緣是直線，為何能連出圓形呢？

磚牆的拱形

廣場地板的圓弧圖案

拿紙筆畫畫看，在圓周上任意找兩個點，連出來的直線都沒有辦法完全與圓弧重疊。不過再仔細觀察一下，如果你在圓周上找到的兩個點很接近，它們連出的線段也會和圓

周的弧線很接近，換句話說，你可以用很多很多條直線畫出一個「近似」圓的形狀。

前面第 6 堂課〈玩一玩圓柱杯〉裡提到的「割圓術」，也是用很多條邊的正多邊形來近似圓，並計算圓周長。

**善用近似的技巧，**
**可一步步逼近解答。**

在我們生活中，處處可見由圓弧、曲線形成的圖案，其實很多是由「直線拼出圓」的「近似法」構成的。同樣的，回到開頭的畫畫問題，我們也可以用直線畫出有弧線的花，製作一張獨特的卡片！

## 不一樣的近似

數量上也有近似法，像四捨五入、無條件捨去、無條件進位等，可用來求出大約的數量，這是近似的數學，不同的近似法得到的數量會不一樣。例如你有 17 元，可能會說成「差不多 20 元」，因為四捨五入後 17 變成 20。如果你想「膨風」一下，就算只有 13 元，也會說成「差不多 20 元」，這是把 3 無條件進位。反之，如果你有 27 元，但不想讓人知道你有那麼多錢，依然會說自己有「差不多 20 元」，這是把 7 無條件捨去。

# 數學實驗

1. 找一張卡紙，用鉛筆在上面畫一個半徑六公分的圓，以圓心為中心，用量角器平均畫出五根軸，軸與軸之間的夾角為 72 度。

2. 從圓心往圓周的方向每隔一公分做一個記號，由內往外分別標上 1、2、3、4、5、6 的刻度。

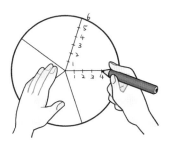

3. 用尺將相鄰兩軸上的刻度相連，用你喜歡的顏色畫線。連線規則是「刻度數字相加為 7」，也就是 1 連 6、2 連 5、3 連 4、4 連 3，依此類推。

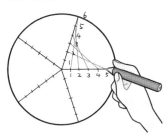

4. 重複步驟 3，將五根軸之間的區域都畫完，會呈現一幅美麗的幾何圖案。

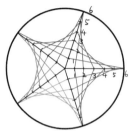

5. 擦掉卡紙上的鉛筆痕跡，將原本的五軸也畫成彩色，並在步驟 4 的圖案下方加上葉子與莖，就完成一朵星星花了。

6. 你可以多畫幾朵星星花，再畫點裝飾，寫上祝福的話，特製的卡片就完成啦！

## 直線交織出奇特的圖案

在這個實驗中，我們從頭到尾都在畫直線，但畫著畫著卻變出弧度來，最後畫成了一朵花。這是因為我們在畫圖時，巧妙的控制了直線的「傾斜程度」，讓相鄰直線的傾斜程度只有很小的不同，組合起來之後，整體看來就會像是弧線。

### 數學裡用來描述線段傾斜程度的名詞叫做斜率。

斜率為 0 表示線條是水平的，斜率為 1 的線條為傾斜 45 度，而垂直線的斜率則是非常非常大，大到稱為「無限大」，無法以數值表示。

在星星花上的五個區塊中，我們各自畫了六條斜率不同的直線，每一條線的斜率與鄰近直線的只有一點差距，所以儘管每條線都是直的，線與線之間的轉折卻不大，遠看起來也就被忽略了，於是圖案的邊界看起來會像是一條圓滑的曲線，非常有趣吧！

再回想磚造房屋上由磚塊拼出的拱門，當磚塊從兩側漸漸往中間排列，每一塊的傾斜角度都與前一塊略有不同，一直到中間，磚塊成為直立。由此可見，直線斜率的連續變化可以組成曲線。

這次實驗中，我們用直線交錯畫成的網狀圖案稱為「包絡線」，應用這樣的畫圖原理可以做出很多幾何圖形，像是拋物線、心臟線等。

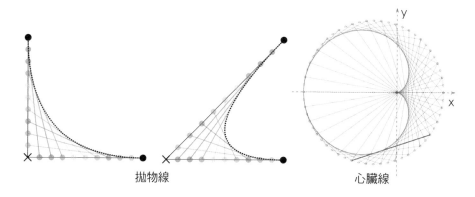

拋物線　　　　　　　　　　　　　心臟線

就算不研究數學，你也可以單純欣賞包絡線的藝術作品之美，學校裡就有機會看得到！觀察看看各學校的童軍社團，他們經常在校慶或大型活動時布置出「精神堡壘」裝置，就是用竹竿和繩索搭建出包絡線做成的，美觀又有氣勢。

## 延伸學習

### 認識斜率

　　斜率指的是直線傾斜的程度。在一條直線上取兩個點，這兩個點在垂直方向上的距離除以水平方向上的距離，就是它的斜率。當你沿著直線往右移動一個單位的水平距離時，垂直距離上升愈大的直線，斜率也就愈大。從下面的圖來驗證看看，你覺得哪一條直線比較斜、斜率比較大呢？

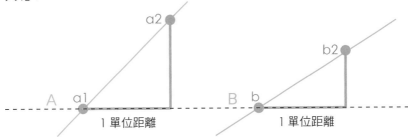

### 再多想想

1. 實驗中的花朵，改成每 0.5 公分畫一個刻度，變成 12 個點兩兩連線，畫成的圓弧是不是更平順呢？你能從每條直線的斜率差別解釋這個現象嗎？

2. 利用包絡線畫法，你還可以另外設計出怎樣的圖案呢？

包絡線藝術作品

# 8 卡通影片如何不變形？

螢幕有的大有的小，
畫面裡的柯南也有的大有的小，
但為什麼看起來都還是柯南呢？
讓我們測量螢幕上的影像畫面來驗證吧！

你喜歡看卡通嗎？當你在電視上觀賞卡通後，是否會再用手機、電腦連上網，找更多影片來看呢？這些卡通人物穿梭在電視、手機、電腦等不同大小的螢幕中，尺寸會放大或縮小，但身材卻都不會變形，名偵探柯南沒有增胖、米老鼠也沒有變瘦長，他們給觀眾的視覺感受全都是一致的，這到底是為什麼呢？

**這是因為影像在放大或縮小時，**
**保持了固定的長寬比。**

因此不論在何種螢幕上，看到的畫面比例都會一致。

目前最常見的螢幕長寬比是 16：9，意思是，螢幕的長與寬不論幾公分，經過數學計算後都能夠化簡成 16：9。比方説，螢幕長 32 公分，寬 18 公分，長寬比是 32：18，把 32 跟 18 都除以 2，就變成了 16：9。

另外，也可以計算比值，16÷9 大約等於 1.78，所以我們也能從 1.78 這個比值來檢驗螢幕的比例，一起做實驗檢測看看吧！

# 數學實驗

1. 找一支手機，從相簿裡點開一張直的全螢幕滿版照片或卡通圖片，測量照片的長度與寬度。

2. 將長度與寬度相除，計算比值。如果是 1.78，表示這張照片長與寬的比大約是 16：9。

$$\frac{b}{a} = 1.78$$
$$\rightarrow b：a = 16：9$$

3. 解除「直向鎖定」螢幕，把手機轉為橫向放置，照片會變成小小的一張位在螢幕中間，再次測量照片的長與寬，計算比值。

4. 把照片檔案傳到電腦上，打開後再次測量照片的長與寬，計算比值。

## 比例不變，圖片不變形

從實驗中我們發現，不同大小的螢幕裡，同一張圖片長與寬的比值會保持相同；而同一支手機裡，照片會隨著手機垂直或水平擺放而改變大小，但它的長寬比值依然保持不變。

現代有各種科技電子產品可觀看影像，如手機、液晶電視、桌上型電腦、筆記型電腦等，這些設備螢幕的長寬比大多符合 16：9，這就是人們常說的螢幕最佳比例，因為製造商認為這種螢幕比例讓人們有較舒服的視覺體驗。

以手機 iPhone 8 Plus 為例，實際測量螢幕長度是 12.3 公分，寬度 6.9 公分，長寬比為 12.3：6.9，所以：

比值＝ 12.3÷6.9 ＝ 1.78

這和 16：9 的比值是一樣的，可知 iPhone 8 Plus 的螢幕長寬比為 16：9。

你也可以按按計算機，將 12.3 和 6.9 兩個數字同時除以 0.77，再四捨五入到整數，也會得到 16：9 的數字。

如果想要更精確，你還可以上網查詢螢幕的解析度規格，iPhone 8 Plus 的解析度是 1920×1080，所以：

比值＝ 1920÷1080 ＝ 1.78

把 1920：1080 化簡，可得：

（1920÷120）：（1080÷120）＝ 16：9

不過，手機或其他電子產品螢幕的比例規格並不一定是

16：9，有的可能是 2：1、4：3 或其他比例，尤其現在手機設計很多元，有些是摺疊機，有些還有「瀏海」造型，都會影響螢幕的長寬比。那麼，播放同一幅畫面時，人物會變胖或變瘦嗎？請你仔細留意整塊螢幕，會發現照片或影片的畫面並不一定填滿整個螢幕，周圍常有黑色塊，讓畫面保持一致的比例，因此畫面並不會隨著不同螢幕而變形。

所以，以後不管你是用電視或手機，還是用電腦的全螢幕模式觀看影片，如果發現畫面旁補了黑色塊，就表示這部影片本身的長寬比，跟螢幕的長寬比不一樣。

我想要變成這樣的比例！

## 螢幕解析度是什麼？

螢幕解析度代表螢幕呈現細節的能力，單位是像素，同樣尺寸的螢幕像素愈多，解析度愈高。1920×1080 表示這塊螢幕沿長邊的像素點有 1920 個，沿短邊的則有 1080 個。由於像素的長寬一樣，所以解析度也可以用來表示影像的長寬比。

## 再多想想

如果你用螢幕長寬比為 2：1 的手機，觀看一部畫面為 16：9 的影片，那為了保持影片畫面的比例，黑色塊應該會出現在手機螢幕的上下或是左右兩邊呢？

# 9 完美的 蛋糕切法

切開的蛋糕吃掉一部分之後，
仍然能夠完美拼在一起而沒有缺口嗎？
一起來試試看各種切法，
讓蛋糕永遠保持新鮮吧！

你負責過切蛋糕嗎？記得小時候，爸爸媽媽第一次將切蛋糕的重責大任交給我時，我好開心，小心翼翼的努力把蛋糕切成每塊都一樣大，但結果不太理想。

現在回想，如果能有什麼高科技，可在蛋糕上面投影出一些輔助資訊，就像數學課本上面都會標出圓心、角度等等，或許我就可以切得更平均。

但需要哪些輔助資訊呢？假設是圓形蛋糕要對切成二等分，我們得知道蛋糕的「圓心」在哪裡，然後用刀子切出通過圓心的「直線」，也就是「直徑」。如果要切成四等分，那麼切下通過圓心的第一刀之後，要再切第二刀，這一刀同樣是通過圓心的直線，而且和第一刀的直線必須彼此「垂直」。

八等分就更難一點了，切下去的第三和第四刀必須是「角平分線」，也就是要把第一和第二刀形成的垂直線之間的 90 度角，分割成兩個 45 度角。二等分、四等分、八等分，你需要愈來愈多的數學知識，才能把蛋糕切得每一塊都一樣大。

另一個常見的切法是六等分，先切成二等分之後，再將半圓平均分成「三等分」。在數學上，要將一個角度分成三等分，比垂直、角平分都要難上許多，不只需要尺、圓規，還需要更多輔助工具。所以想要公平的把蛋糕分給六個人吃，其實並不容易。

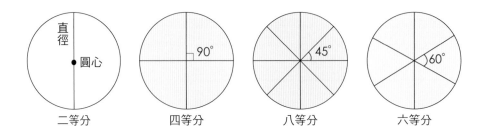

直徑
圓心
二等分

90°
四等分

45°
八等分

60°
六等分

## 永遠保持新鮮的蛋糕切法

不過關於蛋糕的數學不只如此,除了常常遇到的切蛋糕問題,接下來要告訴你的,是更妙的切蛋糕方法。這個方法可以讓蛋糕常保新鮮。

提出演化論的知名科學家達爾文有一位數學家表弟,名叫高爾頓(F. Galton),他發現人們平常把蛋糕切成一塊塊扇形的方式,會讓剩下的蛋糕留下缺口,如果無法一次全部吃完,剩下的蛋糕放一陣子後就會變得不好吃,因為缺口處的蛋糕剖面暴露在空氣中會變乾,不像原來那麼濕潤可口。

為了克服這個問題,高爾頓提出一種「完美保存蛋糕美味」的切法,這種切法能讓剩餘的蛋糕不會有剖面接觸到空氣,因此能保持新鮮。這似乎很神奇?你想得到怎麼做嗎?先提示你一個關鍵詞:「對稱」。高爾頓把他切蛋糕的方法發表在 1906 年的科學期刊《自然》裡,讓我們跟著他學習這個蛋糕切法,一起做實驗吧。

## 數學實驗

1. 準備一個圓形蛋糕,建議小一點,如 4 吋,比較好切。

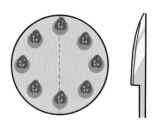

2. 以目測或用工具測量出蛋糕的圓心與直徑,將刀子往直徑左邊移動一點,沿著與直徑平行的方向切下第一刀。

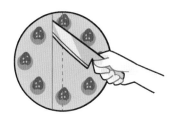

3. 在直徑右邊,再平行的切下第二刀,讓第一刀與第二刀和直徑之間保持相同的距離。

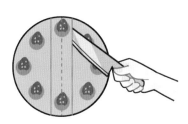

4. 小心取出中間條狀的蛋糕，切分給大家吃掉。

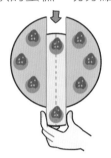

5. 將剩下來的兩塊蛋糕往中間推，會發現它們可以完美的合併在一起，讓蛋糕變成橢圓形，而且不露出任何剖面。

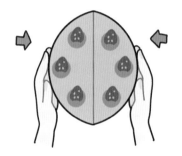

6. 剩下的蛋糕可再繼續切塊。在與前面兩刀垂直的方向，以同樣方法從中間切出一部分，再合併剩下來的蛋糕，就能讓蛋糕的剖面依舊不露出來。

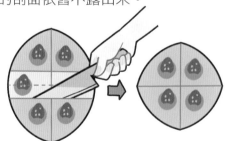

## 關鍵在蛋糕上的「弦」

在剛剛的實驗中，你看見蛋糕的面積逐漸變小，不過依然維持沒有切面外露的完整形狀，這就是數學家保持蛋糕新鮮的切法。

回想一下，文章一開始把蛋糕精準平分的切法，需要用到圓心、直徑、垂直和角平分等數學概念。那麼在實驗中，我們用到了哪些數學知識呢？首先一定得知道圓心和直徑，再來，當刀子在直徑左右兩側各切一刀時，你需要知道什麼是「等長」，還得切出兩條「平行」的直線，取出中間的蛋糕後，剩下來的左右兩塊才能剛好「對稱」。

再仔細想想你會發現，要讓切出來的蛋糕能夠完美合成一塊，有個重要的關鍵，那就是：每次切出的兩道剖面長度必須相等。

**圓周上任意兩點連成的直線，**
**在數學上稱為弦。**

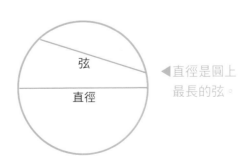

◀直徑是圓上
最長的弦。

切兩刀，相當於在蛋糕這個圓上畫出兩條弦，只要這兩條弦的長度相同，當你取走中間那塊蛋糕後，剩下來的形狀就能拼起來。你可以用色紙來試試看，剪一片圓形，隨便畫出一條弦，用尺量長度，再畫一條同樣長度且不相交的弦，沿著兩條弦剪開來，左右兩片色紙一定能拼合在一起。實驗中蛋糕的切法保持左右對稱，所以切出來的兩條弦長度也一定一樣。

　　這個蛋糕切法聽起來好棒，為什麼沒有流行起來呢？我猜測原因可能有很多，例如每次切出來的蛋糕都夾在中間，要完整拿來其實有點難度；再來，這樣切出來的蛋糕不容易「等分」，每個人無法分到一樣大塊的蛋糕，難免覺得不太公平吧！看來，切蛋糕要考慮的事其實還不少呢！

還是一口氣吃光比較好，沒有保鮮的問題，汪！

## 怎麼把蛋糕切成六等分？

　　想要把蛋糕平分成六等分並不容易，最後教你一種「大約」六等分的切法。先在圓上沿著直徑切下垂直的兩刀，成為四個扇形；把四個扇形的圓弧部分切下來，兩兩一組形成兩個橄欖形，蛋糕就大約六等分了。為什麼呢？假設圓的半徑是 1，計算如下：

　　圓面積＝ 1×1×3.14，大約等於 3

　　每個直角三角形的面積＝ 1×1×1/2 ＝ 1/2

1/2 是 3 的 1/6，因此每個直角三角形約占圓面積的 1/6。

　　四個直角三角形面積＝ 1/2×4 ＝ 2

　　圓面積扣除三角形面積＝ 3 － 2 ＝ 1

所以兩個橄欖形大約各為 1/2，也就是約為圓面積的 1/6。

　　如此一來，就把蛋糕大致平均分成六等分了。

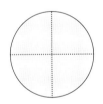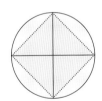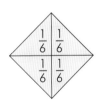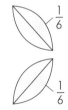

### 再多想想

如果有人用扇形切法切了一片蛋糕，面積占全部的 1/6，你能在剩下有缺口的蛋糕上再多切兩刀，吃掉多出來的部分，讓剩下的蛋糕拼成剖面不外露的完整形狀嗎？

# 10 奇妙的莫比烏斯環

怎麼會有這種奇妙的立體形狀？
竟然具有循環不已的平面！
原來在數學世界中，
並不一定是「一體兩面」呢！

**拿**一張長條紙片，把兩端接起來，會得到一個很普通的物件——圓環。但如果在連接紙條之前，多做一個動作：先將紙條扭轉半圈，再將兩端連接起來，得到的就是一個奇妙的「莫比烏斯環」。

莫比烏斯環有多奇妙呢？試試看拿一枝筆，從環上任一點沿著環往前畫，只見筆走著走著，不知不覺間竟然走到環的內部，再走著走著，又回到原來的起點。畫完後，把莫比烏斯環拆開攤平，回復原來的長條紙片。你會發現紙片的正反兩面，竟然都被鉛筆畫過了。換句話說，普通紙環上原本不同的兩面，因為在製作過程中被「扭」那麼一下，竟變成了相同一面。

**莫比烏斯環是個沒有正反面之分，
只有一個面和一條邊的特殊立體形狀。**

沒有人能夠區分出哪一面是莫比烏斯環的「外面」，哪一面是「裡面」。

19 世紀德國數學家莫比烏斯（A. Möbius）發現了莫比烏斯環，這種特別的立體幾何形狀引發了許多數學上的討論。你可能會好奇，這種形狀會出現在生活中嗎？或有什麼用途呢？有的！吃貝果的時候就能派上用場！

### 創意刀法切貝果

平常吃貝果，一般都是一刀下去切成兩片再夾餡料，如果沒抓緊，吃一吃，貝果會滑開，弄得兩手髒。但如果用莫比烏斯環的概念切貝果，不但能切出奇妙的形狀，而且切出來的貝果不易滑開，能好好握在手上。

網路上就有人示範了這種切貝果的方式：一刀下去，一邊轉動貝果和刀子的角度繞圈，最後切出一個「莫比烏斯環貝果」，它不會分成兩半，只有一圈切口，而且切面只有「一個」，是同一個曲面！這個形狀有個好處，塗抹奶油時，可以一次將切面塗滿！

貝果切法還有進階版，同樣運用莫比烏斯環的概念，但是刀法不太一樣，切完後的貝果會變成兩個扣在一起的圈環，讓人感到很神奇。以後想在貝果中間塗餡料時，使用創意切法讓夾層變成莫比烏斯環，或許滋味更美妙！

有興趣的話，可以掃描下方的 QR code 或上網搜尋，看看影片裡的貝果是怎麼切出來的。找爸爸媽媽幫忙，跟著一起做做看。**記住，用刀一定要小心！**

接下來的實驗用比較簡單的紙片操作，先來感受莫比烏斯環的魔力吧！

## 數學實驗

1. 準備一張長條的紙片，寬度最好超過 3 公分，長度最好超過寬度 5 倍。

2. 將紙片扭轉半圈後，頭尾相接。

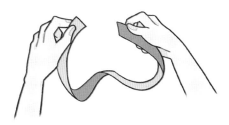

3. 用膠帶把相接處黏好，就得到一條莫比烏斯環。

4. 用筆在環上畫線，從其中一點出發往前一直畫，畫完後會變成什麼樣子？

5. 用剪刀沿著莫比烏斯環的中線剪開，會變成什麼樣子？

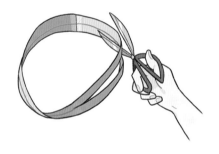

6. 再拿剪刀，沿著剪出來新形狀的中線再剪一次，又會剪出什麼形狀呢？

## 更多莫比烏斯環

　　實驗步驟 1 至 4 就跟文章一開始提到的一樣，讓你動手做做看莫比烏斯環。但最後兩個步驟得出的結果，是不是讓你大吃一驚呢？

　　一般普通的圓環從中剪開後，會變成兩個比較細的圓環。可是莫比烏斯環從中剪開後，竟然變成一個更大、更細的環，周長是原本的兩倍、寬度是原本的一半（想想看，為什麼周長是兩倍）！把新形成的環再從中剪開一次就更奇妙了，會變成兩圈相扣纏繞在一起的環，無法分開！每個簡單的步驟，都造成出乎意料的結果，這就是莫比烏斯環讓人著迷之處。

　　把莫比烏斯環的概念運用在切貝果上，是一個趣味的小應用，如果能用在工業製造上，可能更美妙。比方說，從前的音樂是以磁帶儲存，把磁性物質塗在塑膠環帶的一面，記錄聲音訊號，捲起來製成錄音帶，當磁帶經過播放器的讀寫頭，聲音就會跑出來。你可以用長紙條來想像磁帶，如果磁帶能做成莫比烏斯環的形狀，那麼可儲存資料的長度不就變成兩倍，資料儲存量也就增加為兩倍了。

　　同樣的，如果將工廠生產線的輸送帶做成莫比烏斯環，原本的正反兩面會變成同一面，使磨損率比原本的少一半，使用時間多一倍，就可節省成本。

其實莫比烏斯環早就出現在你我生活周遭，不相信的話，去看看三箭頭的回收標誌，就是莫比烏斯環！這個「國際循環再造標誌」是在 1970 年代由一位 23 歲的大學生所設計，圖形破除了內外區隔，象徵垃圾可重新轉換回資源，生生不息。

左為國際循環再造標誌，右為 Google 雲端的標誌，都是一個莫比烏斯環。

許多藝術家也對莫比烏斯環非常感興趣，荷蘭的錯視藝術家艾雪（M. C. Escher），就有好幾幅作品是以莫比烏斯環為主題。

## 數學不只用在計算，還能啟發藝術！

艾雪打破平面與立體的界線，讓觀賞者無法確認畫面的起點和終點。他的畫作，充滿數學幾何的規律還有錯視的巧思，讓人嘖嘖稱奇！

## 延伸學習

### 更多的莫比烏斯

　　莫比烏斯環除了成為生活中的標誌、藝術創作來源，也成為不少文學作品、電影、漫畫、甚至是電玩的靈感來源。例如在《哆啦Ａ夢》的故事中，有個道具的外表就像莫比烏斯環，只要把它套在門上，由門外進入室內的人仍會繼續看到門外的世界。電玩「音速小子」裡也有莫比烏斯環狀的跑道，韓國電影直接以《莫比烏斯》為名，更多作品則是引用了莫比烏斯環循環不已的隱喻。

怎麼沒完沒了⋯⋯

▶這種幾何和錯視的元素，經常出現在艾雪的畫作中，令人分不出立體圖形裡上下左右的界線。

### 再多想想

莫比烏斯環消弭了內外平面，變成只有一個面。如果把平面推廣到空間呢？一般的瓶子可把空間分成瓶內與瓶外，想想看，什麼樣的瓶子能夠像莫比烏斯環，把內外空間連結在一起呢？想完後，上網查查「克萊因瓶」吧！

# 諾貝爾物理獎得主
# 潘羅斯
# 的數學故事

小時候，我算得奇慢無比，

老師不太喜歡我，

就把我降到程度比較低的班級。

還好，那班有一位觀察敏銳的老師，

他告訴我「你要算多久都可以」。

——羅傑‧潘羅斯（Roger Penrose）

　　2020 年的諾貝爾物理學獎，有一半的榮耀頒給了牛津大學的潘羅斯爵士，彰顯他運用數學證明黑洞是廣義相對論的直接結果。有學者將他與愛因斯坦、霍金並列，認為他對基礎科學做出了重大的貢獻。

## 這麼厲害？

　　有些人可能會好奇潘羅斯是誰？但事實上，多數人就算沒聽過潘羅斯的名字，也絕對間接看過他的作品，例如電影《全

▶ 2020 年諾貝爾
物理學獎得主
羅傑‧潘羅斯。

面啟動》裡出現的無限樓梯，就是他與父親的共同創作。

　　潘羅斯的父親是一位知名的心理學家、數學家、西洋棋專家。從小看見父親在各個領域優游自在，潘羅斯充分了解知識的趣味。碩二那年，他去阿姆斯特丹參加國際數學家大會，那是四年一度全球性的數學會議，會中將頒發菲爾茲獎等重要的數學獎項。

　　當年的大會主席德布魯因想推廣數學與藝術的連結，便找了一位喜歡數學的畫家策展，這位畫家沒受過數學訓練，畫作中卻充滿了數學趣味。潘羅斯的友人告訴他，「市立博物館有

一個展覽你應該會有興趣，是一位名叫艾雪的畫家策劃的。」

　　年輕的潘羅斯站在《白天與黑夜》這幅由黑鳥與白鳥彼此鑲嵌而成的作品前，一瞬間就被艾雪的作品迷住了，他回憶道：「我站在這幅奇幻的作品前好久，我從來沒看過這樣的作品。回去後，我決定也來畫一些看起來不可能存在的作品。然後，我拿著畫出來的潘羅斯三角形去找我爸。」

▲荷蘭知名藝術家艾雪以視錯覺藝術作品聞名於世，常用到幾何概念，挑戰平面與立體之間的關係。他的作品收藏於荷蘭海牙的艾雪博物館，掛在上圖館前的這幅作品，就是《白天與黑夜》。

對，這個如今滲透在許多藝術、設計領域的趣味符號，就是潘羅斯在看完艾雪展後的創作。

　　天才之間的創意，往往就是這樣互相激盪出來的。艾雪看到潘羅斯三角形後，同樣為之著迷，運用了這個概念創作出《瀑布》與《上下階梯》兩幅經典作品。在那之後，兩人開始往來通信，艾雪常常跟這位比他小 33 歲的年輕數學家請教，潘羅斯也樂於分享他想到的各種數學娛樂點子。艾雪生涯的最後作品《鬼魂》，靈感出處就是潘羅斯給他的一盒自製拼圖。

潘羅斯三角形

## 五邊形這麼管用？

　　說到拼圖，潘羅斯另一個廣為人知的發明是「潘羅斯密鋪」，一個由兩種四邊形為基礎，反覆鑲嵌得出的五角形旋轉對稱圖案。許多人應該曾經踩過這樣的地磚，或至少在電腦螢幕上看過。這個發明的起源也很有趣，潘羅斯九歲時，曾經想用好幾片正六邊形拼出一個近似於球體的形狀，你可以想成

是，他想用很多正六邊形的布拼出一顆足球。他父親是跨域的學者，看到後跟他說：「正六邊形沒辦法，你得用五邊形。」

說完，父親便展現了正十二面體給潘羅斯看。

從這為起點，34 年後，已成為大數學家的潘羅斯提出了潘羅斯密鋪，幫小時候的自己解決了問題。

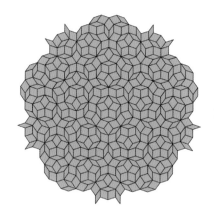

潘羅斯密鋪

## 你要算多久都可以

從簡單的兩個故事我們可以看到，因為家庭背景，對潘羅斯來說，做研究、想數學就是娛樂。但就在他嘗試用正六邊形拼球體的前一年，八歲的他，卻被學校老師認為數學不好……

「小時候，我算得奇慢無比，老師不太喜歡我，就把我降到程度比較低的班級。還好，那班有一位觀察敏銳的老師，他告訴我『你要算多久都可以』。」

新老師非常清楚：

**數學要求的不是速度而是深度，**
**是思考不是計算。**

解脱了時間限制後，「於是呢，當別人下課在玩的時候，我能繼續算。到了下一堂課，我還是繼續算同一份測驗。你就可以知道，我的計算速度起碼是其他人的兩倍慢。但只要讓我這樣慢慢來，最終我就能做得很好。」

潘羅斯靠數學獲得了諾貝爾物理獎，他手中的數學充滿趣味、魅力與無限大的威力，幫助全人類拓展了知識的邊界。

這，也是數學的本質。

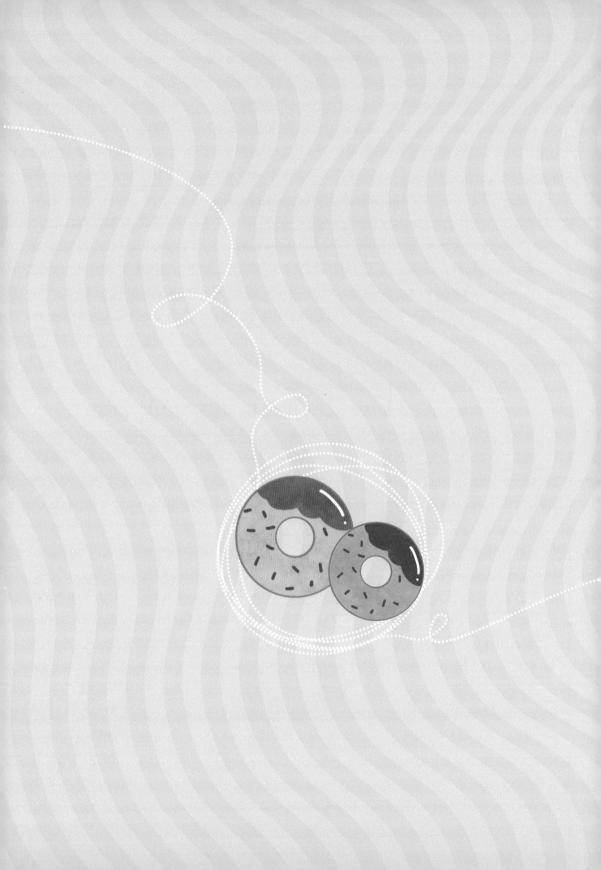

# 11 甜甜圈有多大？

甜甜圈獨特的中空形狀，
讓人分不清該怎麼計算這個圈圈的面積。
這次一口氣告訴你三種巧妙的計算方法，
還要帶你找到隱身其中的三角形！

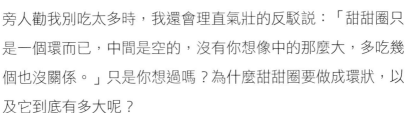

市面上有許多種類的甜甜圈，塗滿草莓或巧克力醬的美式口味、沾黃豆粉的日式口味，或是傳統麵包店裡，撒上砂糖的經典口味。你喜歡甜甜圈嗎？我很喜歡，連吃三個也沒問題，旁人勸我別吃太多時，我還會理直氣壯的反駁說：「甜甜圈只是一個環而已，中間是空的，沒有你想像中的那麼大，多吃幾個也沒關係。」只是你想過嗎？為什麼甜甜圈要做成環狀，以及它到底有多大呢？

據說，甜甜圈中空的形狀不是為了偷工減料，而是因為製作甜甜圈需要油炸，如果是一整塊實心的「甜甜球」，中心麵團不容易炸熟，所以中間才挖一個洞，讓麵團可以均勻受熱。但我也懷疑過，做成圓圈形狀，是不是想讓消費者搞不清楚產品大小呢？比方說，一個「很大但中間也很空」的甜甜圈，跟一個「較小但中間孔洞也很小」的甜甜圈，到底哪一個大？甜甜圈師傅的本意可能不是要迷惑大眾，但我還是忍不住以數學家之心度麵包師傅之腹，用了許多方法對甜甜圈的大小一探究竟。

為了方便起見，我們先假設甜甜圈的厚度全都均勻一致，這麼一來，只要把甜甜圈當做一個平面的環形，算出面積，就可以利用面積來大致比較不同甜甜圈的大小了。

**方法 1：** 大圓扣掉小圓

把甜甜圈內側中空的部分當做內圓，最外側是外圓，圍成的環形面積會等於外圓面積扣掉內圓面積。假設外圓半徑為 5 公分，內圓半徑為 3 公分，圓周率 3.14 用 $\pi$ 來表示，則：

環形面積 = 5×5×$\pi$ − 3×3×$\pi$ = 16$\pi$ 平方公分

**方法 2：** 環形變梯形

把環形拆開來，會變成一個長條的梯形（想想看為什麼不是長方形），梯形的上下兩個底正是內圓跟外圓的圓周長，而高是外圓半徑扣掉內圓半徑。把圓周長帶入梯形面積公式：

（上底＋下底）× 高 ÷2

= (2×3×$\pi$ + 2×5×$\pi$) × (5 − 3) ÷2

= 16$\pi$ 平方公分

同樣的面積卻有不同的計算方法，就好像從家到學校也可以走不同的路線。換一條路，不僅有探索的新鮮感，對環境也能多一分認識。同樣的，對同一道數學題目找出不同的算法，也能對數學觀念有更全面的了解。

接著來做實驗，這是第三條路，而且是一條超快的捷徑！

1. 拿一個甜甜圈，量測內圓與外圓的直徑。在圓周上前後移動尺，找到最長的寬度，就是直徑。

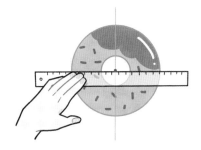

2. 直徑的一半是半徑。另外，直徑和直徑的交叉點是圓心，也可由圓心往外測量，得出內圓與外圓的半徑，用 b、c 代表。

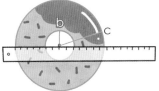

3. 用大圓扣掉小圓面積，計算出甜甜圈的環形面積。

**4.** 接下來是計算甜甜圈面積的第三種方法。如圖,拿刀子沿著甜甜圈內圓的圓周,切一道直線。

注意,這道直線只能恰好切到圓周上的一點。

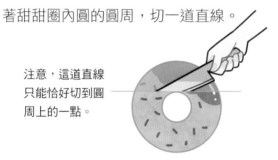

**5.** 取剛剛切下的小塊甜甜圈,測量切面的長度,再除以 2,用 a 代表這段距離

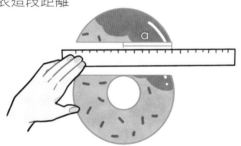

**6.** 把 a 乘以 a,再乘以圓周率,看看結果是否跟步驟 3 算出的面積相等。

試著在甜甜圈上找到由 a、b、c 三邊組成的三角形。

## 甜甜圈上的三角形

實驗中的最後，你在甜甜圈上找到三角形了嗎？它應該是一個直角三角形。我們用來計算甜甜圈面積的第三種方法，算出來的面積和前面介紹的兩種算法，結果應該要大約相同，而祕密就隱藏在這個直角三角形上。

直角三角形中有一個很重要的數學原理，叫做「畢式定理」：直角三角形的斜邊長乘以斜邊長，會等於兩條直角鄰邊先分別自己相乘、然後再相加的結果。

以 4 為例，數字自己乘以自己的數學式寫成 $4 \times 4$，也可寫成 $4^2$，稱為「4 的平方」。所以更簡單來說：

**畢氏定理：**

**直角三角形的斜邊平方，**

**等於兩條鄰邊的平方相加。**

因此，假如直角三角形的斜邊長是 5，直角旁的一條鄰邊是 3，則另一條鄰邊一定是 4，因為：

$5 \times 5 = 3 \times 3 + 4 \times 4$

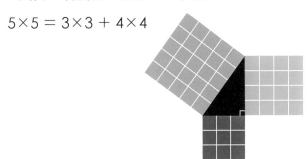

了解直角三角形的特性後，回到實驗步驟 4。因為你恰好沿著甜甜圈內圓圓周上的一個點切下去，數學上這一點稱為「切點」，而切下去的那一刀稱為「切線」。因為切點與圓心的連線會跟切線垂直，所以內圓半徑、外圓半徑，還有切線的一半，會正好形成一個直角三角形。因此套用畢氏定理，大圓扣掉小圓的面積算式，可以替換成用切線的一半來計算。

　　以後要計算甜甜圈的面積，只需要測量切線這一刀的長度，再取一半來計算就可以了！假設長度的一半是 4 公分，甜甜圈的面積就是：

$4 \times 4 \times \pi = 16\pi$ 平方公分

這樣計算起來是不是更省力了呢！

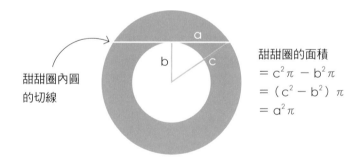

甜甜圈內圓
的切線

甜甜圈的面積
$= c^2\pi - b^2\pi$
$= (c^2 - b^2)\pi$
$= a^2\pi$

## 畢氏是誰？

　　畢氏是畢達哥拉斯，誕生在西元前 500 多年的
古希臘，大概和孔子同一個年代。他是一位數
學家也是哲學家，相信世界萬物都能用數
學來解釋，像是比例、平方、直角三角
形，畢氏定理就確實能運用在許多
地方。只不過，畢氏並不是唯一
發現這個定理的人，歷史學家相
信，早在畢達哥拉斯出生之前
許久，這個定理就已經在世界
各地受到應用，例如中國古代
的數學書《周髀算經》、古埃
及紙莎草上，都有所記載。

> 甜甜圈是什麼東西？這麼厲害？

> 買甜甜圈，竟然會用到你的理論……

## 再多想想

下面兩張圖的奧妙之處，你看出來了嗎？嘗試用圖
形面積來解釋畢氏定理，跟朋友證明直角三角形的
兩條直角鄰邊的平方相加後，會等於斜邊的平方吧！

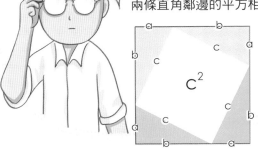

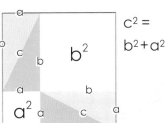

$$c^2 = b^2 + a^2$$

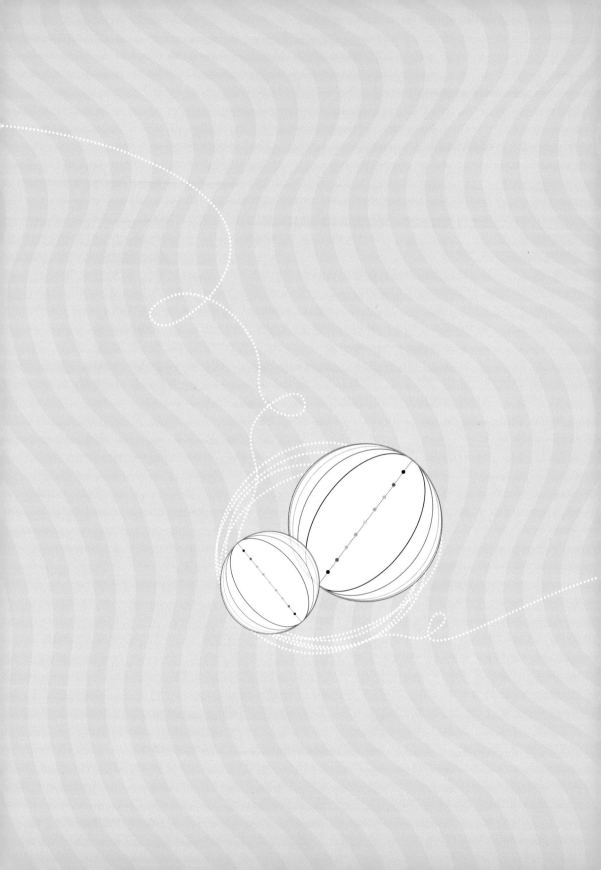

# 12 用橢圓形玩遊戲

一切能夠反射的物體或能量，
都可以應用橢圓形的特性
來發射又聚集，
玩出好多趣味的遊戲！

你玩過「回聲牆」嗎？這種設施由兩座圓弧狀的牆構成，牆與牆之間相隔一段距離。首先，找個朋友，兩人各自站在圓弧狀牆的附近，試著面對面講話，你會發現由於距離很遠，必須提高音量，對方才可能聽見你的聲音。接著兩人背對背，各自朝向圓弧狀的牆，試著用正常音量對話，這時你會發現，很神奇的，竟能清楚聽見對方的聲音，彷彿另一個人就站在牆前面說話一樣！新竹的小叮噹科學主題樂園裡，就有這麼一個遊戲區，實際玩過的人一定會覺得很奇妙。

回聲牆這種設施利用的是幾何圖形「橢圓」的一種特性。橢圓這種形狀就像是把一個圓壓扁，變成一邊比較扁、一邊比較長。

**圓具有一個固定的圓心，**
**橢圓則有兩個固定的焦點。**

想要畫圓，我們只要在圓心上釘一根針，針上綁一條長度為半徑的線，用筆拉緊線畫一圈，就能畫出圓來。畫橢圓時也可以利用類似的方法，只是改成在兩個焦點上各釘一根針，再拿一條長度超過兩焦點之間距離的線，把線的兩端分別綁在焦點的針上，然後用筆拉緊線畫一圈，就能畫出一個橢圓。

你可以調整兩個焦點之間的距離，讓它們朝彼此靠近一點，再畫一個橢圓，你會發現這次畫出來的橢圓比剛剛的「圓一點」。當焦點愈來愈近，橢圓就愈來愈圓，等到兩個焦點完全重合在一起時……橢圓就變成了正圓形！

**圓可說是一種特殊的橢圓，**
**而兩個重合在一起的焦點，**
**正是圓的圓心。**

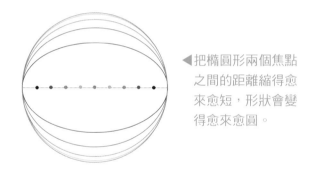

◀把橢圓形兩個焦點之間的距離縮得愈來愈短，形狀會變得愈來愈圓。

　　最前面提到的回聲牆，其實就是一個大橢圓的圓周，猜猜看，兩個講話的人是站在哪裡呢？答案正是橢圓裡最特殊的位置：就在兩個焦點上。為什麼站在焦點上說話，聲音就能這麼清楚的被彼此聽見？我們用同樣的原理，製作一個橢圓彈珠臺來測試看看。

# 數學實驗

1. 在厚紙板上標記兩個相距 6 公分的點，做為橢圓的焦點。找一條線，將兩端固定在焦點上。

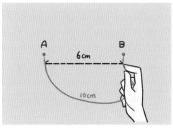

可用針或三秒膠固定，讓線長為 10 公分。

2. 用筆拉緊線，繞一圈，然後沿著軌跡畫出一個橢圓形。

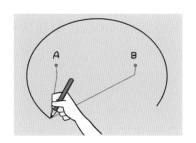

3. 拿剪刀將橢圓從厚紙板上剪下。用塑膠片或厚紙板在橢圓的圓周上圍出一圈牆。

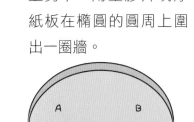

用膠帶固定

4. 在兩個焦點上各放一顆彈珠，將其中一顆往牆邊彈，會發生什麼事呢？

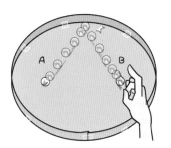

## 焦點反射好神奇

你的彈珠反射後，應該會撞到另一顆彈珠。這是為什麼？請回想實驗中畫橢圓的步驟 2：用筆把線拉緊，正像是有兩條直線從兩個焦點出發，並交會在同一點（筆的位置）上。橢圓圓周上的任一點，都可視為從兩焦點延伸出來的兩條直線的交點，且兩線相加的長度都是固定值。

彈珠從焦點出發、撞牆反彈、前往另一個焦點，走得正是相同的路線。聲波在回聲牆之間來回的路線也是一樣的。當你或朋友說話時，聲波會由回聲牆反射，匯聚到另一個焦點上，因此站在另一個焦點上的人能聽得很清楚。

橢圓也可用在醫療上，當醫生發現病患體內有結石，會用震動波來粉碎。為了避免傷害器官，震動波得先經過反射、降低強度，這時使用的正是橢圓弧形的反射器。讓波源位在橢圓的焦點，另一個焦點對準結石，反射後的震動波就可破壞結石。一個簡單的橢圓，也能幫忙治病！

這包狗餅乾要藏好，免得愛因斯坦一下子吃光了……

耶嘿！被我聽到了……

## 延伸學習

### 橢圓趣味遊戲

　　想體驗橢圓形「聚集一切」的力量，除了試試回聲牆，還可以前往日本東京理科大學，拜訪知名數學家秋山仁設立的「秋山仁的數學體驗館」。秋山仁在裡面設立了一個橢圓撞球臺，只要把兩顆撞球放在焦點上，不管你怎麼隨便亂打其中一顆球，都一定能撞到另一顆。

　　秋山仁也曾來臺灣演講，還表演一個魔術。他將燈泡放在橢圓形碗裡，並將氣球緩緩移到碗中某一點，氣球竟然瞬間爆炸！為什麼？想必你已經猜到，因為燈泡位在橢圓的焦點上，散發的熱能自然匯集在另一個焦點，使位在焦點的氣球爆炸。

### 再多想想

根據實驗中繪製的橢圓，你能夠算出從兩個焦點的中間點到圓周的距離最短是多少？最長又是多少嗎？

提示：應用畢氏定理

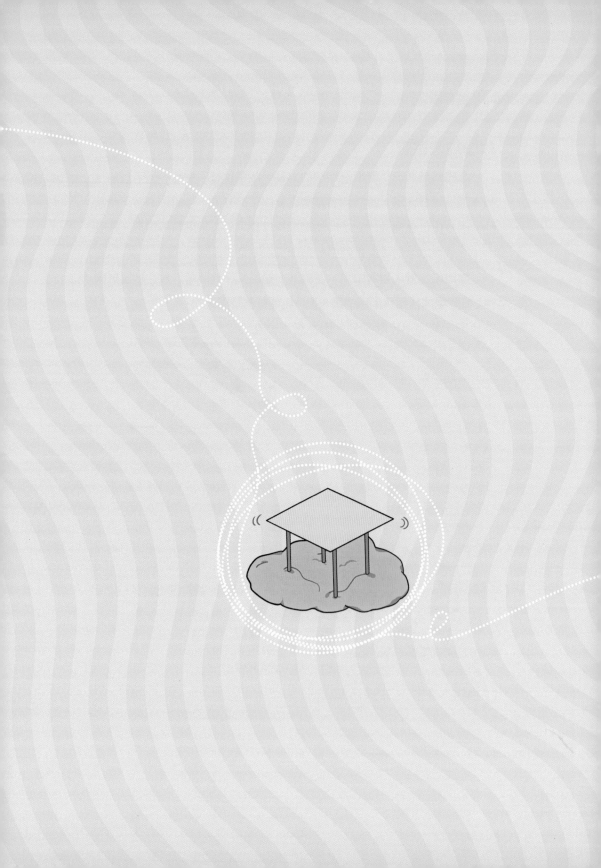

# 13 轉轉桌子，不晃了！

桌子為什麼有四支腳？
遇到不平坦的地面又該怎麼辦？
日常生活裡的小困擾，
透過數學就能輕易解決。

你一定有過這樣的經驗，不管是學校的課桌椅，還是家裡的餐桌，把手肘靠上桌面，桌子就會晃動。通常大人會教你找出懸空的那支桌腳，在下面墊一張紙片，這麼一來，桌子就不會晃了。回想一下，這些桌子通常是四支腳，但如果你用過三支腳的桌子，會發現三腳桌很平穩！

我們可以用數學來解釋。在一張紙上任意畫兩個點，絕對能找到一條通過這兩點的直線——兩點之間的連線正是這條直線的一部分。如果在立體空間中任意畫三個點，通常很不容易找到一條直線同時通過這三個點，但一定可以找到同時通過這三個點的平面——這三點形成的三角形，正是這個平面的一部分。這是幾何學的基本定理：

**兩個點可決定一條直線，**
**三個點可決定一片平面。**

所以三支腳的桌子，桌腳一定能保持在同一個平面上，也就不會晃動。當然，如果地面是斜的，或桌腳不一樣長，那桌面本身會歪歪的，無法保持水平，只不過接觸地面的三個點還是穩固的。

直線　　　　　平面

但再增加一個點就不一樣了，立體空間中的任意四個點，並不容易位在同一個平面上。你可以想像，把其中三個點連成一個三角形，構成一個平面，但第四個點很容易位在平面之外，例如在平面上方。三角形的三個頂點跟位在平面上方的第四個點，就好像桌子的四支腳有一支懸空，所以桌子在地上總是不平穩、容易晃動。

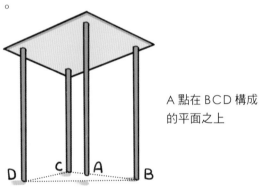

A 點在 BCD 構成
的平面之上

既然如此，為什麼學校的課桌椅不改成三支腳呢？也許因為課桌椅的桌面做成方形的，自然會想在四個角落各擺一支腳；或因為當某一端放了重物時，例如當你趴下來午睡，三腳桌比起四支腳的桌子更容易翻倒，所以人們寧願接受四腳桌的晃動。

只是採用「塞紙片」解決方案，對數學家來說不夠優雅。歐洲的理論科學家馬丁發現，如果桌子的四支腳一樣長，只是因為地面不平而晃動，有一個很簡單的解決方法：轉一轉。我們來動手做個實驗試試看。

1. 用厚紙板剪一塊正方形，把它當做桌面。

2. 用鉛筆在正方形紙板上畫出對角線。

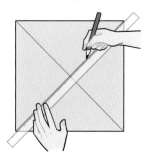

3. 拿出圓規，以對角線相交點為圓心，邊長一半為半徑，畫圓。圓跟對角線相交的四個點，就是桌腳的位置。

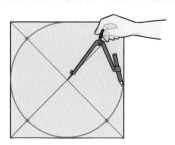

4. 在四個桌腳的位置各鑽一個洞，拿四根竹筷子穿過紙板上的洞，調整竹筷高度，確認四支桌腳長度相同。

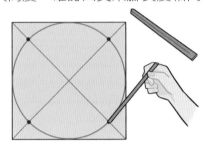

5. 用紙黏土做一個不平整的地面，有些高低起伏，讓桌子不穩定。等紙黏土乾了，把桌子放上去。

6. 一邊慢慢旋轉桌子，一邊檢查桌子是否變得平穩。旋轉角度應該不到 90 度，就能找到讓桌子平穩的位置了。

## 用中間值定理來推理

你找到那個奇蹟的角度了嗎？原本會晃動的桌子，到某個角度時忽然不再晃了。這背後的原因，能用數學的「中間值定理」解釋。中間值定理的概念很簡單，打個比方來說，海平面的高度為 0，比海平面高的山丘稱為「正」，低於海平面的窪地稱為「負」。倘若有人從山丘走到窪地，也就是從正的區域來到負的區域，那這個人在過程中一定會經過海平面，也就是高度為 0 的地方。

這也能用在溫度上，例如你覺得最舒服的溫度是 27 度，而氣象預報告訴你，最近日夜溫差大，白天高溫會到 32 度，但晚上會一口氣降 10 度，只有 22 度。因為溫度是連續變化的，所以你可以肯定，在溫度下降的過程中，一定會體驗到 27 度的舒適溫度，也許就在傍晚或清晨。

聽起來不難吧，事實上，中間值定理在許多數學計算中，特別是方程式求解，有很大的用處。這次，我們要靠它來解釋為什麼桌子能夠轉一轉就不晃了。

我們先替實驗中的四支桌腳各命名為 A、B、C、D，懸空的為 A，與地面的距離記為「正」。當你把桌子逆時鐘旋轉 90 度，A 會跑到 B 原先的位置，B 跑到 C，C 跑到 D，D 則來到原先 A 的位置，所以懸空的桌腳變成 D。

但如果我們規定，旋轉桌子時，B、C、D 三支桌腳必須

保持緊貼著地面，那麼你會發現，旋轉之後的 A 理論上會插到地下，也就是「負」的區域。旋轉前 A 與地面的距離是正，旋轉後 A 與地面的距離是負，根據剛剛的中間值定理，你可以判斷，在旋轉的連續過程中，一定有某個時刻，A 會恰好碰到地面，也就是與地面的距離為 0；與此同時，B、C、D 都需緊貼地面，所以在這個時刻，四支桌腳都會剛好接觸到地面，桌子也就不會搖晃了。

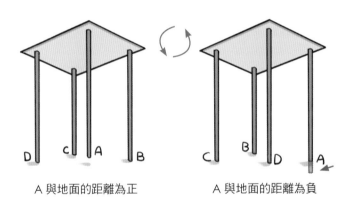

A 與地面的距離為正　　　　　　　A 與地面的距離為負

數學家「證明」只靠旋轉，就能讓桌子不會晃動，很厲害吧！只是數學的世界有非常多理想的條件，在這個實驗中，桌子的四支腳要等長，桌腳愈細效果愈好，而且桌子必須是正方形。如果這些條件沒辦法一一符合，我們只得試試：找一張你不喜歡的考卷，墊進懸空的桌腳下。

## 延伸學習

### 推理與證明

　　這次的實驗很神奇吧！我們透過真實的實驗操作，讓不穩定的桌子變得不會晃，如果一再重複實驗，可以得出相同的結果。中間值定理則證明轉一轉真的可以讓桌面變平穩，但我們並不是真的把桌腳 A 插入地面，而是利用「想像」的方式，在腦海中做實驗並且進行推理，這樣的研究方法叫做「想像實驗」。

　　透過相同的實驗得到相同結果，可以歸納出一件事的因果關係，但數學上的「證明」，大多是利用邏輯推理，一步步演繹出結論，就不必一再重複實驗了。

一塊餅乾＋一塊餅乾＝無限多餅乾

我在做想像實驗！

### 再多想想

如果有五支腳或是六支腳的桌子，腳愈多，桌子會愈平穩還是愈晃呢？

# 14 紙上穿洞變魔術

正方形一定永遠保持正方形嗎？
這次魔術般的實驗要打破框架，
顛覆你的思考！

還記得〈為什人孔蓋是圓的？〉嗎？如果人孔蓋是正方形的，工人搬開蓋子進到下水道工作時，要是路面上一個沒注意，厚重的人孔蓋很可能會穿過孔洞掉進下水道；但是圓形人孔蓋不會穿過圓孔掉下去。

這背後的原因是：圓孔中最長的一條直線是孔洞的直徑，它設計得比圓形人孔蓋的直徑略小一點，所以無論人孔蓋是直立、平放或斜放，都不會穿過洞口而掉下去；可是正方形孔洞中，最長的直線是對角線，這個長度超過正方形的邊長很多，一旦正方形人孔蓋直立起來，很可能穿過洞口而掉進下水道。由此可知，圓形無法穿過略小一點的圓孔，但正方形有可能穿過略小一點的正方形孔。

但如果讓圓形穿過正方形孔，會發生什麼事情呢？我們用50 元硬幣來玩玩看。

50 元硬幣的直徑是 2.8 公分，倘若有一個邊長小一點點的正方形孔，例如邊長為 2.5 公分，你覺得硬幣能夠穿孔而過嗎？如果理解人孔蓋的道理，你不需要做實驗，很快就可推論出答案：一定能穿過，因為這個正方形的邊長雖然比硬幣的直徑短，可是對角線長度大約是 3.5 公分，超過硬幣直徑，因此稍微調整硬幣的角度，就能讓它穿過正方形孔。

但如果是更小的正方形孔，對角線小於 2.8 公分呢？那不管硬幣怎麼擺放，是不是都無法穿過這個方孔？其實還是可以！這裡要告訴你一個魔術方法，不需要剪開紙張，就能讓正方形洞口變大，而讓硬幣穿過！聽起來不可思議嗎？我們來演練看看。

## 時枝正教授的數學好好玩

這個魔術的靈感，來自美國史丹佛大學數學教授時枝正所示範的數學活動。時枝正教授本人的經歷，比這則魔術還要精采許多倍。他小時候想當畫家，後來接觸了古典語言學，精通八國語言，但他的現職卻是世界頂尖大學的數學教授！

從時枝正教授身上可以看到：

### 人生有無限多的可能。

有時我們會聽到某人數學好「或」國語好這樣的說法，理科和文科好像沒辦法兼得，但時枝正卻打破了刻板印象。當然，學習方法非常重要，若對知識充滿熱情，樂於學習各種新鮮事物，你的發展就有無限可能。

1. 準備一張色紙，對摺再對摺，成為一個小正方形。

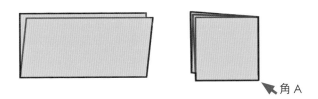

角 A

2. 在正方形的角 A 處畫一條長度 1.5 公分的斜線，讓斜線傾斜角度固定在 45 度，然後沿著線切下斜角。

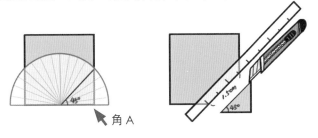

角 A

3. 把紙攤開，色紙中間應該是一個邊長 1.5 公分的正方形孔洞。拿出 50 元硬幣比比看。

試試看能不能
將50元硬幣穿
過孔洞？

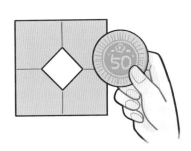

4. 將紙張重新對摺一次，此時缺口呈三角形，接著如下圖所示，把缺口往兩邊「拉」，紙張會彎曲變成立體狀。

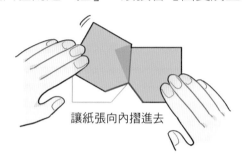

讓紙張向內摺進去

5. 注意，前後兩片紙張須各自彎曲向內摺疊，開口才能夠打開。當原本三角形的缺口拉成水平線，紙張也經過摺疊變形了。

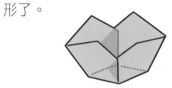

開口打開的樣子

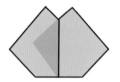

壓平的狀態

6. 這個摺疊過的立體紙型，改變了孔洞的形狀，原來的正方形已被「壓扁」成一道縫隙。

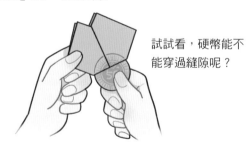

試試看，硬幣能不能穿過縫隙呢？

## 大圓如何穿過小方洞

實驗最後，硬幣輕易穿過紙上的洞了！很神奇吧！

邊長 1.5 公分的正方形孔洞上，最長的線是對角線，大約是 2.1 公分，比硬幣直徑 2.8 公分來得短，硬幣根本是穿過「不可能穿過的洞」！但仔細測量，你會發現步驟 5 摺出的縫隙，其實比硬幣的直徑還長，大約是 3 公分。

為什麼會這樣呢？仔細觀察縫隙，其實它是由正方形的兩條邊長所組成，所以是邊長的兩倍，難怪測量出的長度是 3 公分。魔術的箇中奧祕是，透過立體摺紙，將平面正方形中互相垂直的兩條鄰邊，變成連接在一起的直線，使得孔洞比原來更寬，硬幣也就可輕易穿過去了。

孔洞變形的過程是這樣的：孔洞周長固定不變，但從正方形對摺變成三角形，再經摺紙把三角形孔洞拉平，最後壓扁成接近直線的隙縫。

如果你想變這個魔術給家人看，可以用更大塊的圓形杯墊或是餅乾，效果會更好。在紙上剪洞之前先計算一下，若杯墊的直徑 5 公分，那麼紙上的正方形孔邊長最短就是 5 的一半：

2.5 公分。為了保險起見，可稍微剪大一點點，但也不能讓洞口太大。若正方形的對角線超過 5 公分，杯墊可以直接穿過去，摺紙的魔術效果就派不上用場了。你可以用畢氏定理計算理想的邊長範圍。

因為紙張可以彎曲，把平面變為立體，改變孔洞形狀，可以打破原本的限制。把這個特性應用在生活或科技上，有些原本被視為不可能實現的做法，就有達成的可能。

設計這個活動的時枝正教授，曾經受邀來臺灣演講，但主題不是深奧的數學，而是像這次活動一樣簡單、有趣、生活化的數學遊戲。時枝正說：

**很多人覺得學習很枯燥乏味，**
**但在景色單調的沙漠中行走，依然會看見綠洲。**

同樣的，只要投入時間學習，會有充滿樂趣的收穫。他的科普演講或我撰文想達成的目標，也正是主動提供綠洲，讓大家認識知識的樂趣。

## 延伸學習

### 材料的可撓性

　　這次的實驗讓我們看到，紙張因為可彎曲而打破了平面原有的限制，這種可彎摺的特性稱為「可撓性」，不只出現在紙張上，軟式塑膠也具有相同的特質，現在更有許多電子產品正朝向這個目標開發，例如顯示面板、電路板。如果物體能做得既有硬度又可彎曲，結構複雜的物品就可能透過摺疊方式收納成小物件，或打破原本平面結構的限制。學習也是如此，多點彈性，更能有所突破！

眼睛拉平，是不是就變大了呢？

### 再多想想

三角形或其他正多邊形的孔，也能用摺紙製造出更長的縫隙嗎？

# 15 吃不完的 巧克力？

剪開卡片，重組後竟然少了一隻妖精！
切下巧克力片再重組，
巧克力反而多出一塊，這是為什麼？
隱藏其中的數學謎團，
等你來破解。

大約 60 年前，流傳著一道數學謎題「消失的妖精」，題目類似左頁的圖。一張卡片上原本有 15 隻妖精，可是當你把卡片上半部剪下，再從中剪開，然後左右兩邊對調，重新拼起來，讓卡片上每隻妖精的上下兩半對齊接好，看起來就和原來的圖片一樣完整時，奇妙的事情卻發生了：數一數，妖精竟然只剩下 14 隻！

這道謎題在當年引發廣泛的討論，有人想半天還是搞不懂為什麼，有人看出消失的妖精其實躲藏在某些地方。這個有趣的謎題一直在數學愛好者中流傳，有些人還把妖精圖案換成撲克牌圖案、模特兒，或是其他各種物件，做成類似的謎題，你可上網搜尋看看這些絕妙的圖畫。

如今，有人運用相同的原理，切出吃不完的無限巧克力，一塊由 24 小片長方形組成的大塊巧克力，經過特殊的裁切重組後，竟然多出了一小片。如果反覆運用這個技巧，不就有吃不完的巧克力了？多美妙的一件事！

你一定很好奇到底要怎麼切，更想知道多出來的巧克力、消失的妖精是基於什麼數學魔法。我們先來動手做做看吧！

妖精跑去哪裡了？

**1.** 準備一塊具有 4×6 小片的長方形巧克力，以及一把餐刀。

**2.** 如圖，在巧克力上用餐刀斜切一刀，分為上下兩塊。

由下往上數，左邊第二小片的上緣為起點，右邊第三小片的上緣為終點。

**3.** 接著把上半部最左邊一排的巧克力切下來。

**4.** 再將這一排巧克力最上面的一片切下來，先放到旁邊。

5. 重新組合整塊巧克力。
把左邊的單排巧克力挪
到右邊，原本在右邊較
大的那塊順移到左邊。

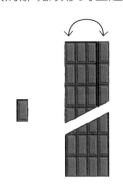

6. 你是不是拼出跟原來一
樣，也具有 4×6 小片的
巧克力？旁邊還多出一
小片。

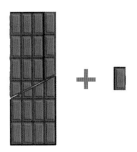

7. 重複步驟 3 到 5，再重新
移動巧克力片並組合。

取出這一片
到旁邊。

8. 結果如何？是不是總共
多出兩小片巧克力，一
共有 26 片了呢？

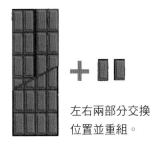

左右兩部分交換
位置並重組。

## 面積的障眼法

這個實驗做起來很愉快吧！因為不斷「變出」額外的巧克力，讓人期待可以一口接一口，永遠吃不完！

不過，這美妙的魔法其實有一個限制，最多只能重複變三次，因為當你重複第四次，再重組巧克力後會發現，原本整塊巧克力有六個橫排，但現在只剩下五個橫排，小片巧克力為 4×5 ＝ 20 片，再加上放在旁邊的四小片，總共有 20 ＋ 4 ＝ 24 片巧克力。

咦？和原來的巧克力一模一樣，怎麼還有一道回復原狀的魔法呢？

其實，並沒有魔法讓巧克力變多或變少，會覺得巧克力片的數量有變化，是因為人眼視覺不夠精準，沒有發現巧克力的面積「偷工減料」了。

你再仔細瞧瞧，大塊巧克力上面「有斜線切痕的那一排」，在每次切與重組的過程中，其實一直在變短。不相信的話，可以再做一次實驗，但要記得先測量整塊巧克力的長度，每次重組後，也要重測一次大塊巧克力的長度，你會發現巧克力的長度漸漸縮短了。

再進一步細究，每一橫排巧克力有四小片，中間被切開的那一排巧克力，在每次重組過程中會各自減少 1/4 的面積，合起來正是一小片的面積，難怪每次都可多出一小片巧克力。但

也因為如此，重複四次步驟後，被切開的那一橫排巧克力的面積會完全消失，所以大塊巧克力會整整短少一個橫排，這一橫排的面積，正好與旁邊四小片巧克力的面積和一樣。

　　畫方格來解釋會更加清楚。最左側的紫色巧克力面積並不滿三小片，但它移到最右側所填補的空間，原本的面積其實超過了三小片，把左右兩張圖相互比對，就可發現整塊巧克力其實變短了。

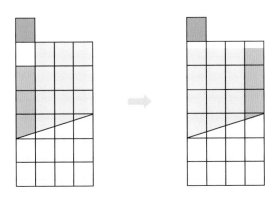

　　消失的妖精之謎也是同樣道理，這讓我們驚覺：

**「眼見為憑」一點都不準，**

**還是得回歸數學計算。**

反過來說，如果善用數學技巧，就能創造出不可思議的現象！

### 方格謎題

右圖中的 A 是由兩個直角三角形和兩個多邊形所構成的大直角三角形，每塊形狀的邊長可由數格子得知。把這四塊形狀重新調整位置，紅三角形跟藍三角形位置對調後，也組出跟原來一樣的大三角形 B，可是中間卻多出了一個空白方格，為什麼呢？

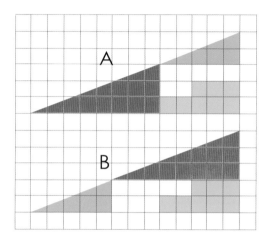

### 再多想想

你發現了嗎？方格謎題的關鍵在於 A 的斜邊並不是一直線，它其實是一個有四邊的多邊形。你也可以試著設計出其他的錯視三角形！

**賴爸爸的數學實驗：15堂趣味幾何課**

作者／賴以威
繪者／桃子、大福草莓

出版六部總編輯／陳雅茜
資深編輯／盧心潔
美術設計／趙　璦

圖片來源／漫畫：桃子
　　　　　　實驗步驟圖：大福草莓
　　　　　　照片及其他圖片：p24、28◎臺北市政府工務局水利工程處；
　　　　　　p33、63、88、116（右）、119、120、121、122、131、
　　　　　　133◎Wikimedia Commons；p38、108、111、112、115、
　　　　　　116（左）◎Shutterstock；p58◎陳雅茜；
　　　　　　p83◎Flickr/sgsprzem、soeperbaby；
　　　　　　p89◎Flickr/fdecomite；p162、164、168◎Freepik

發行人／王榮文
出版發行／遠流出版事業股份有限公司
　　　　　　地址：臺北市中山北路一段 11 號 13 樓
　　　　　　電話：02-2571-0297　傳真：02-2571-0197　郵撥：0189456-1
　　　　　　遠流博識網：www.ylib.com　電子信箱：ylib@ylib.com
著作權顧問／蕭雄淋律師

ISBN 978-957-32-8934-0
2021 年 2 月 1 日初版
2024 年 8 月 20 日初版三刷
版權所有 · 翻印必究
定價 · 新臺幣 360 元

賴爸爸的數學實驗：15堂趣味幾何課 /
賴以威作 . -- 初版 . -- 臺北市：遠流出
版事業股份有限公司, 2021.02
　　面；　公分
ISBN 978-957-32-8934-0（平裝）

1. 數學 2. 通俗作品
310　　　　　　　　　　109021311